よくわかる

コンピュータ
アーキテクチャ

鈴木健一 ［著］

森北出版

●本書のサポート情報を当社 Web サイトに掲載する場合があります．下記の
URL にアクセスし，サポートの案内をご覧ください．
https://www.morikita.co.jp/support/

●本書の内容に関するご質問は下記のメールアドレスまでお願いします．なお，
電話でのご質問には応じかねますので，あらかじめご了承ください．
editor@morikita.co.jp

●本書により得られた情報の使用から生じるいかなる損害についても，当社およ
び本書の著者は責任を負わないものとします．

JCOPY 〈(一社)出版者著作権管理機構 委託出版物〉
本書の無断複製は，著作権法上での例外を除き禁じられています．複製される
場合は，そのつど事前に上記機構（電話 03-5244-5088，FAX 03-5244-5089，
e-mail: info@jcopy.or.jp）の許諾を得てください．

▶ まえがき

コンピュータは「情報を扱う機械」の一種であり，1台の機械であるにもかかわらず，さまざまな処理をすることができる．これは，コンピュータというモノ（ハードウェア）は変わるところがないにもかかわらず，やらせたい処理の手順（ソフトウェア）を自由に入れ換えて使えるようにしたことにより生まれた特色である．したがって，コンピュータを理解して使っていくためには，ハードウェアとソフトウェアの双方を学ぶことが当然であるとされてきた．しかし，どこでも誰でも自由に使えるインターネットがあたり前となった現代では，クラウドに置かれたコンピュータの上でソフトウェアを開発して使用することもでき，ハードウェアについて意識する機会が少なくなるとともに，それを学ぶ意義が薄れているように感じる方が増えてきているかもしれない．

そのようななかで，コンピュータの性能を最大限に引き出してアプリケーションを実行したい，あるいはコンピュータにより外部機器を制御する組み込み機器を開発したいといった場合には，ソフトウェア技術だけでなく，ハードウェアについての知見が必要になってくるのが現実である．また，普段はハードウェアについて意識せずに使っているコンピュータやアプリケーションがうまく動かない，所定の性能が発揮できないといった場合に，ハードウェアに関する理解があると問題が解決できることがある．

したがって，読者のみなさんが情報分野の技術者として活躍したいと考えているのであれば，ソフトウェアとハードウェアの両方について，しっかり基礎を固めておくことが大いに役に立つ．また，ソフトウェアへの関心は高いが，ハードウェアについてはとっつきにくいと感じられている方が多いと考え，本書はコンピュータのハードウェアの基礎から理解できるよう，基本的なところから説明するよう心掛けて作成した．

第1章では，コンピュータにおけるハードウェアとソフトウェアという概念を整理し，論理回路の基礎，ならびにメモリとプロセッサの概略について学ぶ．第2章では，コンピュータが扱えるデータ表現について学ぶ．

第3章では，コンピュータによる演算操作を実際に行うハードウェアである演算回路について説明する．続く第4章では，演算回路などの構成要素を所定のタイミングで動かすための回路構成方式である同期回路について解説する．その後の第5章で，プロセッサ，メモリ，入出力装置を一つのハードウェアとしてまとめ上げる．コンピュータという全体像として眺めつつ，プロセッサの命令実行手順を通じて，コンピュータの動作を理解する．

第6章では，コンピュータがプログラムを解釈するときの「単語」である命令について詳しく見ていく．ハードウェアとしてのコンピュータと，その上で動作するソフトウェアを関連付けるものが命令である．

第7章から第9章では，コンピュータの高速化の原理について考えていく．第7章では，プ

ロセッサの高速化手法の基本であるパイプライン処理を紹介する．第 8 章では，現実のメモリの弱点である速度，容量，保護機能をサポートするためのキャッシュメモリと仮想記憶について解説する．第 9 章では，プロセッサのさらなる高速化の実現のために使われる命令レベル並列処理について学ぶ．

　最後の第 10 章では，入出力装置と割り込み処理について学ぶ．

2024 年 8 月

鈴木健一

▶ 目　次

Chapter 1 ▶▶ **序論**　　　　　　　　　　　　　　　　　　　1

1.1　コンピュータとは　　1
1.2　ハードウェアとソフトウェア　　2
1.3　コンピュータの基本構成　　2
1.4　メモリ　　3
1.5　プロセッサ　　4
1.6　論理回路の基礎　　5
1.7　複数の論理値を扱う信号線　　11

Chapter 2 ▶▶ **データの表現**　　　　　　　　　　　　　　14

2.1　整数の表し方と基数　　14
2.2　コンピュータにおける2進数による整数の表現　　18
2.3　コンピュータにおける2進数による実数の表現　　21

Chapter 3 ▶▶ **演算回路**　　　　　　　　　　　　　　　　25

3.1　加減算器と減算器　　25
3.2　マルチプレクサと3ステートバッファ　　30
3.3　算術論理演算器（ALU）　　32

Chapter 4 ▶▶ **同期回路**　　　　　　　　　　　　　　　　36

4.1　クロック信号とフリップフロップ　　36
4.2　レジスタ　　40
4.3　同期回路の構成　　42
4.4　状態機械　　47

Chapter 5 ▶▶ **コンピュータの構成と命令実行**　　　　52

5.1　プロセッサのハードウェア構成　　52
5.2　メモリ　　55
5.3　命令実行ステージ　　57
5.4　命令実行ハードウェアの例　　60

Chapter 6 ▶ 命令セットとプログラム　66

6.1 プログラムと命令　66
6.2 プロセッサのデータパス　67
6.3 命令のサンプル（算術論理演算命令，データ移動命令）　68
6.4 命令フォーマット　74
6.5 命令のサンプル（分岐命令）　76
6.6 実用的な命令セット　80
6.7 命令セットまとめ　83
6.8 シーケンサと分岐命令　83
6.9 符号拡張　84

Chapter 7 ▶ パイプライン処理による高速化　89

7.1 命令実行の4ステージ　89
7.2 パイプライン処理による高速化の原理　90
7.3 基本命令パイプラインのハードウェア構成　92
7.4 パイプラインハザード　93
7.5 パイプラインハザードの解消　96
7.6 パイプライン処理による性能向上についての考察　98

Chapter 8 ▶ キャッシュメモリと仮想記憶　100

8.1 キャッシュメモリの必要性　100
8.2 キャッシュメモリの原理　102
8.3 キャッシュメモリの構成　103
8.4 メモリアクセスの局所性　108
8.5 置き換えアルゴリズム　108
8.6 マルチレベルキャッシュメモリ　109
8.7 パイプライン処理とキャッシュメモリ　110
8.8 エンディアン　111
8.9 仮想記憶　111

Chapter 9 ▶ 命令レベル並列処理　118

9.1 並列処理の粒度　118
9.2 命令レベル並列処理の分類　119
9.3 スーパースカラ方式　120
9.4 VLIW方式　122
9.5 コンピュータの性能　124

Chapter 10 ▶ 入出力装置　128

10.1 補助記憶装置　128
10.2 入出力装置　131
10.3 割り込み処理　135

演習問題解答例　138
索引　146

CHAPTER 1 ▶ 序　論

第 1 章では，コンピュータにおけるハードウェアとソフトウェアという概念を整理し，コンピュータを構成する回路である論理回路の基礎を確認する．さらに，コンピュータのハードウェアの構成要素である，メモリとプロセッサの概略について学ぶ．

1.1 ▶ コンピュータとは

コンピュータは，「情報を扱う機械」の一種である．これは，図 1.1 に示すように，入力として情報を受け取り，出力として情報を与える機械のことである．このような機械は，コンピュータだけでなく，以下のようにさまざまな種類が考えられる．

- 音情報を扱う機械：蓄音機，インターフォンなど
- 映像情報を扱う機械：映写機，テレビなど

したがって，「情報を扱う機械」というだけで，その機械をコンピュータとよぶことはできない．

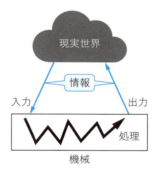

図 1.1　情報を扱う機械

ほかの「情報を扱う機械」になく，コンピュータだけがもつ特徴がある[*]．それは，コンピュータが 1 台の機械でさまざまな処理（仕事）をすることができる，ということである．蓄音機や映写機は，音を鳴らしたり，動画を映し出したりすること「しか」できないが，コンピュータは一台でこれらの処理（仕事）をこなすことができる（図 1.2）．

現代社会で使われている多くの機械は，スマートフォンや多機能 AV 機器のように，1 台でたくさんの機能を備えている．これはそれらの機械のなかに，自由自在にさまざまな処理を行えるコンピュータが組み込まれているから成せる技なのである．コンピュータが組み込まれているという意味から，これらの機器は組み込みシステムとよばれることがある．

---

[*] 厳密には，ストアドプログラム方式のコンピュータの特徴．現在，広く普及しているコンピュータは，ほとんどすべてストアドプログラム方式である．

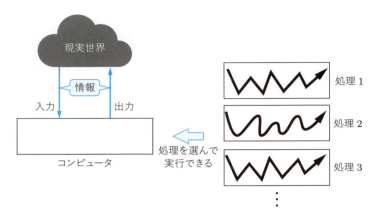

図 1.2 コンピュータの処理の入れ換え

1.2 ▶ ハードウェアとソフトウェア

　コンピュータは，1台でさまざまな仕事ができるという特徴をもっているが，その原理はどのようになっているのだろうか．

　さまざまな仕事ができるということは，いい換えると，コンピュータに対して処理の内容を指示しておく必要があるということである．その処理の内容のことをソフトウェアという．実際には，処理の手順を表す情報である．一方で，実際の処理を行うものをハードウェアとよぶ．それぞれの特徴は，以下のようにまとめられる．

> - ソフトウェア：処理の内容や，手順を表わす情報
> - ハードウェア：実際の処理を行う「もの」

　コンピュータが1台の機械（1個のハードウェア）でさまざまな仕事をこなせるのは，ソフトウェアを入れ換えることができるからである．図 1.2 の「処理 1」「処理 2」「処理 3」が 3 種類の異なるソフトウェアに相当しており，これを入れ換えることによって，コンピュータに 3 種類の異なる処理を行わせることができる．

1.3 ▶ コンピュータの基本構成

　コンピュータは，ソフトウェアを入れ換えることで1個のハードウェアでいろいろな処理ができる機械であることを学んだ．このような機械は，どのようにすれば実現できるだろうか．

　図 1.3 は，現在広く用いられているコンピュータのハードウェアの基本構成を表している．このように，実際の処理を担当するプロセッサ，記憶を担当するメモリ[*]，外部との入力と出力を担当する入出力装置からなる．

---

[*] メインメモリ，主記憶，主記憶装置などとよばれることもある．

図 1.3 コンピュータの基本構成

　記憶を担当するハードウェアであるメモリにソフトウェアを記憶させ，プロセッサはそのソフトウェアを読みながら処理を行う．この構成方式をとることによって，「ソフトウェアを入れ換えてさまざまな処理を行う」ことが実現できる．

　なお，現在のコンピュータのハードウェアはほとんどすべて，論理回路とよばれる電子回路によって作られている．論理回路とは，0 および 1 という 2 種類の論理値を扱う回路である．したがって，コンピュータで扱うデータも，0 と 1 の値の組み合わせだけで表現されなければならない．このための表現方法である 2 進法については，第 2 章で説明する．

　以下では，メモリとプロセッサの概略を見ていこう．入出力装置の実際については，第 10 章で詳しく扱う．

1.4 ▶ メモリ

　前節で説明したように，メモリとは記憶を担当するハードウェアである．また，コンピュータで扱うデータは 0 と 1 の組み合わせで表現されるから，メモリが記憶する値も 0 と 1 の論理値である．

　コンピュータでは，ソフトウェアとデータの保持のために，メモリに大量の論理値を記憶させる必要がある．したがって，メモリは図 1.4 のように，論理値を記憶する**メモリセル**が多数集まったものとなる．さらに，この多数のメモリセルを区別するため，**メモリアドレス**（メモリ番地）とよばれる番号が使われる．図 1.4 では，0 から $(N-1)$ まで，N 個のメモリアドレスが付与されている．詳細は 5.2 節にて説明する．

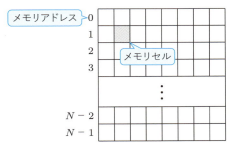

図 1.4 メモリの構成

1.5 プロセッサ

　プロセッサは，メモリに配置されているソフトウェアを処理するハードウェアである．ソフトウェアは，実際には命令とよばれる小さな処理単位が多数並んだものであり，プロセッサはこの命令を1個ずつ順番に処理していく．

　図1.5 は，プロセッサを理解するうえで最小限必要な要素だけを示した概略図である．制御部は，全体の制御をつかさどるハードウェアである．また，プログラムカウンタ，命令レジスタ，および汎用レジスタは，いずれもプロセッサ内の小さな記憶素子であり，プロセッサが処理を進めるうえで覚えておかなければならない情報を記憶する役目がある．プログラムカウンタは，プログラムを構成する命令のうち，次に読み出す命令が置かれた位置のメモリアドレスを記憶している．命令レジスタは，メモリから読み出してきた命令を記憶する．汎用レジスタは，演算に必要な値や演算結果を記憶するのに使われる．

図1.5　プロセッサの概略図

　プロセッサによるソフトウェアの実行は，命令を1個ずつ順番に処理していくことで実現される．各処理は下記の手順で行われる．

1. 命令フェッチ：メモリから命令を1個取り出し，命令レジスタに入れる．
2. 命令デコード：命令レジスタ内の命令を制御部が解釈する．
3. 実行：制御部がプロセッサ，メモリ，およびそのほかのハードウェアを使って，命令の処理内容を実行する．
4. 書き戻し：演算結果を汎用レジスタなどに書き込む．

　この手順のそれぞれをプロセッサの命令実行ステージとよぶ．プロセッサ，命令実行ステージ，プログラムカウンタのそれぞれの役割については，第5章で詳しく述べる．

1.6 論理回路の基礎

ここでは，コンピュータを構成する電子回路である論理回路について解説する．まず，簡単な電気回路の基礎をおさらいしてから，論理回路の考え方を確認していく．

1.6.1 電位と論理値

本書では，図 1.6 の記号を基準電位として用いる．基準電位とは，電圧を測る基準となる電位のことで，基準電位に導線だけで接続された点の電位はすべて 0 V となる．

図 1.6 基準電位の記号

各点の電位を考えるうえで重要な原則が一つある．それは，導線で接続されている箇所はつねに同電位となるということである[*1]．

例として，図 1.7 の回路を考えよう．左下が基準電位となっていることに注意する．点 (a) は導線を介して基準電位に接続されているから，この点の電位は 0 V である．同様に，点 (b) の電位も 0 V である．

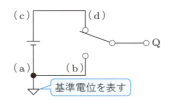

図 1.7 双投スイッチを用いた回路例

一方，直流電圧源の発生する電圧を +5 V とすると，点 (c) は基準電位に対してこの +5 V が加算された電位になるから，点 (c) の電位は +5 V となる．さらに点 (d) は，点 (c) に導線で接続されているから，点 (c) と同じ +5 V の電位となる[*2]．

図 1.7 で使われているスイッチは，双投スイッチとよばれる．これは，点 Q の接続先を点 (b)，または点 (d) のいずれかを選んで変更することができるものである．図 1.7 では，点 Q が点 (d)，点 (c)，+5 V の直流電圧源を介して基準電位に接続されているから，点 Q の電位は +5 V となる．

一方で，1 本の導線をオン/オフするだけの機能をもつスイッチを単投スイッチという．これと抵抗だけを使って，双投スイッチと同等の機能が構成できる．その構成方法として，図 1.8(a)，(b) の 2 通りがある．

図 1.8(a) では，単投スイッチはオフになっている．直流電圧源の発生する電圧を +5 V とすると，この回路の点 Q は，基準電位 (0 V) に +5 V の電源および抵抗器を介して接続されている．

[*1] 論理回路では電圧を使って論理値を表すから，同電位となる地点を意識することが大事である．
[*2] このように，論理回路ではスイッチを使って任意の地点の電位を変化させ，論理値を扱っていく．

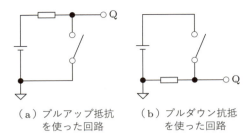

(a) プルアップ抵抗
を使った回路

(b) プルダウン抵抗
を使った回路

図 1.8 単投スイッチによる Q 点の電位の変更

抵抗についてはオームの法則 $E = IR$ が成立しているが，点 Q の先はどこにも接続されていないため，抵抗に流れる電流はゼロである．この場合，抵抗の両端の電位差もゼロとなるから，点 Q の電位は +5 V となる．

一方，単投スイッチをオンにすると，点 Q はスイッチおよび導線を介して基準電位（0 V）につながる．導線でつながれたところは同電位になるから，点 Q の電位は基準電位（0 V）に等しくなる．この場合は，抵抗両端に +5 V の電位差が発生することになり，オームの法則によって定まる電流が抵抗器を流れる．

以上のように，単投スイッチで 0 V と +5 V の切り換えが実現できる．図 1.8(a) では，スイッチがオフのとき点 Q の電圧が抵抗を介して「引き上げ」られることから，この抵抗はプルアップ抵抗とよばれる．

また，図 1.8(b) の構成でも，スイッチがオフのとき点 Q の電位を 0 V，スイッチがオンのとき点 Q の電位を +5 V と電位を切り換えられる．この回路では，スイッチをオフにすることで電位は「引き下げ」られるため，図 1.6(b) の抵抗はプルダウン抵抗とよばれる．

一つの論理回路に接続する直流電圧源は，一つのみとすることが多い．論理回路では電圧値そのものには意味がなく，0 または 1 という論理値のみが重要であることから，通常，基準電位（すなわち 0 V）を論理値 0，基準電位に対して直流電圧源の発生する電位を論理値 1 として扱う．本書でも，以下このように電圧値と論理値を関係付ける．

プルアップ抵抗を使った図 1.8(a) の回路を例にすると，スイッチがオフのとき点 Q の論理値は 1，オンのときの点 Q の論理値は 0 となる．

1.6.2 入出力信号と真理値表

論理回路の一般形は，図 1.9 のように表すことができる．この図の論理回路には，N 本の入力信号と M 本の出力信号がある．各入力信号には，入力値として 0 または 1 の論理値を与えることができる．また，論理回路は入力に応じて，所定の論理値を出力信号として出力する．ここで，$I_1, I_2, \cdots, I_N$ と $O_1, O_2, \cdots, O_M$ はそれぞれ，各入力信号と出力信号に付けられた名前である．

論理回路の入力と出力の関係を表にしたものを，真理値表という．真理値表の一般形を表 1.1 に示す．真理値表の左側には，入力信号値のすべての組み合わせを置く．N 個の入力信号値の組み合わせは 2^N 通りあり，2 進数の昇順（大きくなる順）に書く．真理値表の右側には，各行の左側の入力信号値が与えられたときに出力される出力値を記載する．なお，入出力の対応は，

図 1.9　論理回路の一般形

表 1.1　真理値表の一般形 ($k = 2^N$)

	入力信号名			出力信号名		
I_N	⋯	I_2	I_1	O_M	⋯	O_2	O_1
0	⋯	0	0	O_{0M}	⋯	O_{02}	O_{01}
0	⋯	0	1	O_{1M}	⋯	O_{12}	O_{11}
0	⋯	1	0	O_{2M}	⋯	O_{22}	O_{21}
⋮		⋮	⋮	⋮		⋮	⋮
1	⋯	1	1	O_{kM}	⋯	O_{k2}	O_{k1}

（左）入力信号のすべての組み合わせ　（右）各入力信号に対応する出力信号

各論理回路の設計により決まるものである．

　論理とは，真（True；論理が正しい）または偽（False；論理が正しくない）を扱う体系のことであり，多くの場合，真に対して論理値 1，偽に対して論理値 0 を対応付ける．論理回路や真理値表でも，0 や 1 のかわりに '真' や '偽'，あるいは True（T）や False（F）という用語を使う場合がある．

1.6.3　基本論理ゲート

　どんな複雑な論理回路であっても，AND, OR, NOT という 3 種類の基本論理ゲートとよばれる簡単な論理回路素子を組み合わせて構成できる．基本論理ゲートの回路記号と真理値表をそれぞれ図 1.10 と表 1.2 に示す．

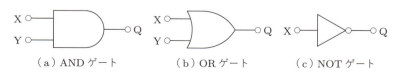

図 1.10　基本論理ゲートの回路記号

　AND ゲートは，2 入力 1 出力の論理素子である．図 1.10(a) の回路記号では，二つの入力信号に X と Y，出力信号に Q という信号名を与えているが，信号名は任意のものを使ってよい．二つの入力に論理値（0 または 1）をそれぞれ与えると，出力の値が表 1.2(a) の真理値表により定まる．論理値で考えると，二つの入力値がいずれも 1 の場合に出力が 1 になる．そのため，これは AND ゲートとよばれる．

　OR ゲートは，2 入力 1 出力の論理素子であり，図 1.10(b) の回路記号で表される．入出力の関係は，表 1.2(b) の真理値表となる．論理値で考えると，二つの入力値のいずれかが 1 の場合に出力が 1 になる．そのため，これは OR ゲートとよばれる．

1.6　論理回路の基礎　　7

表 1.2 基本論理ゲートの真理値表

X	Y	Q
0	0	0
0	1	0
1	0	0
1	1	1

(a) AND ゲート：入力が両方とも 1 のときに出力 1

X	Y	Q
0	0	0
0	1	1
1	0	1
1	1	1

(b) OR ゲート：入力がどちらか 1 のときに出力 1

X	Q
0	1
1	0

(c) NOT ゲート：入力の反転を出力

NOT ゲートは，1 入力 1 出力の論理素子であり，図 1.10(c) の回路記号で表される．入出力の関係は，表 1.2(c) の真理値表で定まる．つねに入力に与えた論理値の否定（NOT）が出力されることから，NOT ゲートとよばれる．

1.6.4 論理式

複雑な論理回路を回路図だけで考えるのは厄介である．そのため，論理式とよばれる式を使って，論理回路を表すことが多い．図 1.11 に基本論理ゲートの論理式を示す．

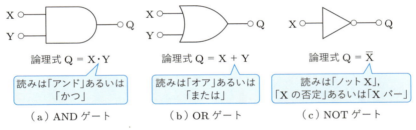

論理式 Q = X・Y
読みは「アンド」あるいは「かつ」
(a) AND ゲート

論理式 Q = X + Y
読みは「オア」あるいは「または」
(b) OR ゲート

論理式 Q = $\overline{X}$
読みは「ノット X」，「X の否定」あるいは「X バー」
(c) NOT ゲート

図 1.11 基本論理ゲートの論理式

論理回路を表す論理式は数学で使われる式とは異なり，ハードウェアの構成を示す式であるから，次の原則に注意しよう．

- ＝（イコール）の左側に出力信号を置くこと．
- AND や OR の論理式における '+' や '・' は，数学の式と同じ記号を使っているが，かけ算や足し算そのものではないこと．

一つめの原則から，複数の出力信号がある論理回路は，各出力について独立した論理式で表現されることになる．

1.6.5 積和標準形による表現

実際に論理回路を設計する場合，所望の動作を真理値表として作成し，それを論理式や回路図にしていく流れをとる．以下に，真理値表から積和標準形とよばれる形の論理式を作成する手順を示す．

> **積和標準形の論理式の作り方**
> 1. 対象となる出力信号を選ぶ.
> 2. 出力が 1 のところに着目し, 対応する入力信号から AND 項を作る. このとき, 入力が 0 のところは否定を付ける.
> 3. AND 項を OR で結合する.

この手順でできあがる論理式は, 括弧内の AND でつながれた項を OR で結合した形となる.

図 1.12 は, 真理値から論理式を作成する手順の例である. 図 1.12(a) がもとになる真理値表である. 真理値表では左側に入力信号, 右側に出力信号が書かれることを思い出してほしい. この真理値表から論理式を作成するために, まず, 対象となる出力信号を一つ選ぶ. ここでは一つ (Q) しか出力信号がないので, 自動的に Q が対象となる. 次に出力が '1' となっている行に着目し, 対応する入力から AND 項を作る. ただし, 入力が '0' のところは否定 (NOT) を付ける. 最後に, 作られた AND 項を OR で結合する.

X	Y	Z	Q
0	0	0	0
0	0	1	1
0	1	0	1
0	1	1	0
1	0	0	1
1	0	1	0
1	1	0	0
1	1	1	1

（a）もとの真理値表

入力が 0 のところは否定を付ける

X	Y	Z	Q	
0	0	0	0	
0	0	1	1	$\overline{X}\cdot\overline{Y}\cdot Z$
0	1	0	1	$\overline{X}\cdot Y\cdot\overline{Z}$
0	1	1	0	
1	0	0	1	$X\cdot\overline{Y}\cdot\overline{Z}$
1	0	1	0	
1	1	0	0	
1	1	1	1	$X\cdot Y\cdot Z$

（b）出力が 1 のところに着目　（c）AND 項を作成

$$Q = (\overline{X}\cdot\overline{Y}\cdot Z) + (\overline{X}\cdot Y\cdot\overline{Z}) + (X\cdot\overline{Y}\cdot\overline{Z}) + (X\cdot Y\cdot Z)$$

（d）AND 項を OR で結合

図 1.12 積和標準形の作成例

複数の出力信号がある場合は, それぞれについて同じ操作を行い, 別々の論理式を作ればよい.

1.6.6 派生論理ゲート

前項で, 任意の真理値表を AND, OR, NOT からなる論理式で表現できることを確認した. したがって, 回路図や論理式で論理回路を表す場合にも, AND, OR, NOT の 3 種類の基本論理ゲートさえあれば十分ではあるのだが, 機能の理解や表現の簡略化のために, いくつかの派生論理ゲートが使われる. ここでは, **図 1.13** に掲載した NAND, NOR, XOR, EQ の各ゲートを紹介しておこう.

- NAND ゲート（図 1.13(a)）: AND ゲートの出力に NOT ゲートを付けたものである. 回路記号の出力側にある ○ 印が NOT ゲートを意味している.
- NOR ゲート（図 1.13(b)）: OR ゲートの出力に NOT ゲートを付けたものである. NAND

1.6 論理回路の基礎　9

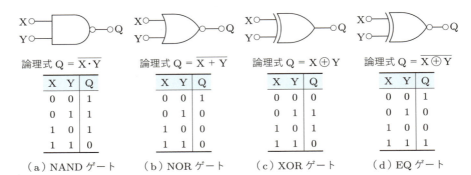

図 1.13　派生論理ゲート

ゲートと同様に，回路記号の出力側にある ○ 印が NOT ゲートを意味している．

- XOR ゲート（図 1.13(c)）：二つの入力値が一致しないときに出力が '1' となるゲートである．あるいは，入力のどちらか片方だけが '1' のときに出力が '1' になると見ることもできる．このことから，排他的な OR（eXclusive OR）という意味で XOR とよばれる．XOR ゲートは，コンピュータの演算の基本となる加算を扱うときに重要となる．ここでは，論理式として $\oplus$ の記号を使っているが，ほかの記号が使われることも多いので，注意しよう．
- EQ ゲート（図 1.13(d)）：XOR ゲートの出力に NOT ゲートを付けたものである．二つの入力が等しい（EQual）ときに出力が '1' となることから，EQ ゲートとよばれる．

派生論理ゲートで ○ 印が NOT ゲートの意味で使われることを見てきたが，一般の論理回路でも同様に NOT ゲートの表記を省略することがある．図 1.14 に例を示す．

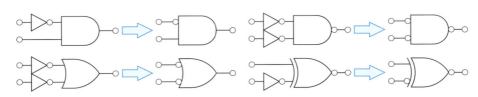

図 1.14　NOT ゲートの略記の例

1.6.7　多入力論理ゲート

AND, OR, XOR の論理演算については，結合則が成立する．よって，同じ演算どうしであれば順序を入れ換えても結果は同じであるため，

$(A \cdot B) \cdot C = A \cdot (B \cdot C) = A \cdot B \cdot C,$

$(A + B) + C = A + (B + C) = A + B + C,$

$(A \oplus B) \oplus C = A \oplus (B \oplus C) = A \oplus B \oplus C$

のように括弧を省略できる．このことから，図 1.15 のように，複数の 2 入力 AND, OR, XOR ゲートを多数の入力をもつ 1 個の論理ゲートとして表現できる．これを多入力論理ゲートという．

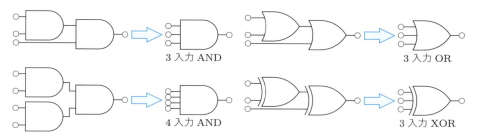

図 1.15　多入力論理ゲートの例

1.7 ▶ 複数の論理値を扱う信号線

　コンピュータは，一つのデータを扱うのに多数の論理値を使用する．このため，コンピュータを構成する論理回路も，多数の論理値を扱うことになる．したがって，原則どおりに1本の信号線を1個の論理値に対応させて回路図を書くと，信号線の数も多くなり，図が見にくくなってしまう．また，多くの信号のそれぞれに独立した処理を行うことは稀であり，すべての信号に共通の処理を行う場合がほとんどである．このため，回路図では，複数の信号線を「束ねて」扱うことがある．図 1.16 に，4本の信号線を「束ねて」扱った場合の例を示す．図のように，まとめられた信号線には太線を用い，束ねられた本数を脇に書いて示す．以下，本書では適宜，このような

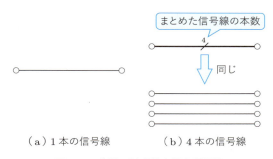

（a）1本の信号線　　（b）4本の信号線

図 1.16　複数の論理値を扱う信号線

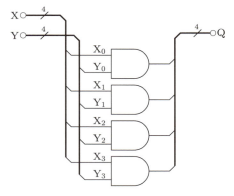

図 1.17　複数の論理値を扱う AND 回路

表現により複数の信号線をまとめて扱う．このように束ねられた信号線を**バス**とよぶ．

図 1.17 に，それぞれ 4 本の信号線を束ねた二つのバスをもち，AND 演算を行う回路の例を示す．各バス信号から取り出された信号線について，0 から 3 の添え字を付けて区別しているが，区別が明らかな場合には，添え字が省略されることもある．

▶ 演習問題

1.1 図 1.18(1)〜(4)の各回路について，図のようにスイッチがオン，オフとなっているときの点 Q の論理値（0 または 1）をそれぞれ答えよ（プルアップ，プルダウンとしての働きをしていない抵抗器も含まれているから，注意すること）．

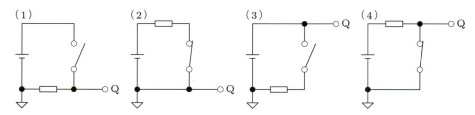

図 1.18 プルアップ抵抗とプルダウン抵抗を使った回路の演習

1.2 図 1.19 の各回路について，論理式および真理値表を作成せよ．

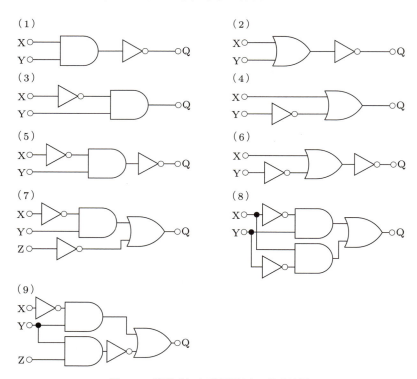

図 1.19 論理式および真理値表の作成演習

1.3 次の論理式について，真理値表と回路図を作成せよ．
(1) $Q = \overline{X} \cdot \overline{Y}$ (2) $Q = \overline{\overline{X} + \overline{Y}}$ (3) $Q = (\overline{X} \cdot \overline{Y}) + (X \cdot Y)$
(4) $Q = \overline{X} + \overline{Y} + Z$ (5) $Q = (X \cdot \overline{Y}) + (\overline{X} \cdot \overline{Z})$ (6) $Q = (X \cdot Y) + (Y \cdot \overline{Z}) + (\overline{X} \cdot Z)$

1.4 次の真理値表で表される各出力信号について，積和標準形の論理式を作れ．

(1)

X	Y	Z	S	T
0	0	0	0	0
0	0	1	0	0
0	1	0	0	1
0	1	1	1	1
1	0	0	0	1
1	0	1	1	1
1	1	0	1	0
1	1	1	1	0

(2)

X	Y	Z	S	T
0	0	0	0	0
0	0	1	1	0
0	1	0	0	0
0	1	1	1	1
1	0	0	0	1
1	0	1	1	1
1	1	0	1	1
1	1	1	0	0

1.5 図1.20の各回路について，真理値表を作成せよ．

(1) 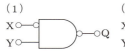 (2)  (3)  (4)

図1.20 派生論理ゲートの演習

CHAPTER 2 ▶ データの表現

第 1 章で，コンピュータにおけるハードウェアとソフトウェアという概念と，論理回路の基礎を確認した．

コンピュータを構成する論理回路は，0 と 1 という 2 種類の論理値を扱う回路であるため，コンピュータが扱うデータも 0 および 1 のみで表されなければならない．本章では，そのためのデータ表現について学ぶ．

2.1 ▶ 整数の表し方と基数

我々が普段使っている「かず」は，10 進数という数の表し方によっている．まず，ここでは「かず」の基本である整数の表記方法について，おさらいをしていく．

図 2.1 は，●の個数をどう表現していくかを説明している．●の個数を表す 120 という数は，10 進数という表し方によるものである．一方，まったく同じ「かず」を 2 進数表記すると 1111000，16 進表記すると 78 となる．これらは，字面のうえでは，違って見えるが，まったく同じ●の個数を表している．かずを表す「表記法」（表し方）が違うだけだということに注意しよう．

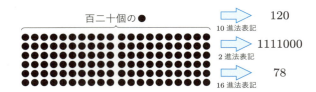

図 2.1　かずの表し方の違い

「何進数で表記するのか」を表す数を「基数」という．10 を基数としてかずを表す方法を 10 進数，2 を基数としてかずを表す方法を 2 進数，16 を基数としてかずを表す方法を 16 進数というわけだ．本章では，基数を明記する場合，図 2.2 に示すように，かずの右下に添え字として書くことにする．また，文脈により基数が明らかな場合には，いちいち基数を書かない．

図 2.2　基数の表記方法

2.1.1　10 進数

10 を基数とした数の表し方を 10 進数（10 進法）という．

一般に基数とは，左に桁が移るごとに，その桁の価値が基数倍になっていくというものである

（たとえば，10進数なら10倍）．また，各桁を表す記号（数字）の種類も基数に等しい（たとえば，10進数なら0から9の10種類）．

図2.3に，百二十の10進数表記を例として示している．右端の1の桁から左に移るごとに，桁の価値が10倍になっていく．よって，この記法では，'1'が0個，'10'が2個，'100'が1個からなる数という意味になる．2.1節の記法に従えば，$(120)_{10}$と書かれる．

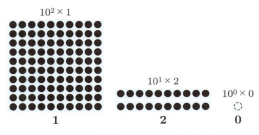

図2.3　10進数による百二十の表現

■ 2.1.2　2進数

2を基数とした数の表し方を2進数（2進法）という．基数が2であるから，左に桁が移るごとに，桁の価値が2倍になっていく．また，各桁を表す記号（数字）は2種類であり，多くの場合，0と1が使われる．

図2.4に，百二十の2進数表記を例として示している．右端の1の桁から左に移るごとに，桁の価値は2倍になっていく．よって，この記法では'1'が0個，'2'が0個，'4'が0個，'8'が1個，'16'が1個，'32'が1個，'64'が1個からなる数という意味になる．2.1節の記法に従えば，$(1111000)_2$と書かれる．

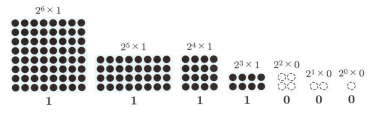

図2.4　2進数による百二十の表現

■ 2.1.3　16進数

同じように，16を基数とした数の表し方を16進数（16進法）という．基数が16であるから，左に桁が移るごとに，桁の価値が16倍になっていく．また，各桁を表す記号（数字）は16種類であり，多くの場合，0から9の数字とAからFのアルファベット*が使われる．

図2.5に，百二十の16進数表記を例として示している．右端（1の桁）から左に移るごとに，桁の価値が16倍になっていく．よって，この記法では，'1'が8個と，'16'が7個からなる数と

＊小文字のアルファベット（a～f）を使うこともある．

2.1　整数の表し方と基数

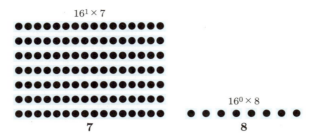

図 2.5　16 進数による百二十の表現

いう意味になる．2.1 節の記法に従えば，$(87)_{16}$ と書かれる．

2.1.4　2 進数と 10 進数の変換

2.1 節で確認したように，基数が違っても数の表し方が違うだけであるから，表している数自体は同じである．したがって，基数の違う数を互いに変換することができる．

2 進数で表されている数を 10 進数に変換するには，基数による整数の表現の定義どおり，2 進数では各桁の価値が左の桁に移るたびに 2 倍になっていくことを利用すればよい．$(10100011)_2$ を 10 進数に変換する場合の例を図 2.6 に示す．

2 進数表記：　１　０　１　０　０　０　１　１
各桁の価値：　2^7　2^6　2^5　2^4　2^3　2^2　2^1　2^0

⇩ 変換すると

$$(10100011)_2 = (2^7 \times 1 + 2^6 \times 0 + 2^5 \times 1 + 2^4 \times 0 + 2^3 \times 0 + 2^2 \times 0 + 2^1 \times 1 + 2^0 \times 1)_{10}$$
$$= (128 + 32 + 2 + 1)_{10} = (163)_{10}$$

図 2.6　2 進数から 10 進数への変換

10 進数表記を 2 進数表記に変換する方法はいくつかあるが，ここでは，筆算する方法を一つ紹介する．図 2.7 のように，もとの 10 進数表記を 2 で割っていきながら，その余りを右に書き留める．さらに，商を 2 で割り余りを横に書くという操作を続けると，2 進数の各桁の並びが得られる．

図 2.7　10 進数から 2 進数への変換（$(163)_{10}$ を変換する場合の例）

2.1.5　2 進数と 16 進数の変換

コンピュータは論理回路で構成されており，0 と 1 という 2 種類の論理値を扱うことによって

処理を行う．このため，数や文字，画像などのデータはすべて 2 進数で表現されることになる．しかし，我々人間が 0 と 1 の並びから値を読み取ることは難しい．その大きな理由として，2 進数ではすぐに桁数が大きくなってしまうことが挙げられる．

一方，前項で見たように，2 進数と 10 進数のあいだの変換操作はやや煩雑であるため，人間がコンピュータや論理回路を扱う場合によく使われるのが 16 進数である．16 進数 1 桁は 2 進数 4 桁と一対一に対応することから，2 進数との間の変換が容易であり，同じ数を表現するときに 2 進数に比べて桁数が 4 分の 1 で済むという利点がある[*]．2 進数 4 桁と 16 進数 1 桁の変換表を表 2.1 に示す．

表 2.1　2 進数 4 桁と 16 進数の対応表

2 進数	16 進数	(10 進数)	2 進数	16 進数	(10 進数)
0000	0	(0)	1000	8	(8)
0001	1	(1)	1001	9	(9)
0010	2	(2)	1010	A	(10)
0011	3	(3)	1011	B	(11)
0100	4	(4)	1100	C	(12)
0101	5	(5)	1101	D	(13)
0110	6	(6)	1110	E	(14)
0111	7	(7)	1111	F	(15)

この変換表を使った例を，図 2.8 に示す．

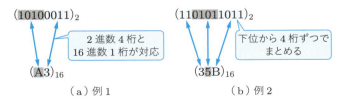

図 2.8　2 進-16 進変換の例

2.1.6　基数表記について

本書では以降，2 進数，10 進数，16 進数での表記が登場する．多くの場合，文脈からどの表記を用いているかは明らかであるが，曖昧なところではその都度，基数を表記する．とくに 16 進数であることを示す場合，数値の先頭に 0x を置いて示すことにする．たとえば，0x3210 は $(3210)_{16}$ を意味する．

---

[*] 16 進数と同じ考え方から，0 から 7 の 8 種類の記号で 1 桁を表す 8 進数もよく使われる．2 進数 3 桁と 8 進数 1 桁が一対一の対応となるから，表 2.1 の 0 から 7 の部分を使えばよい．

2.2 コンピュータにおける 2 進数による整数の表現

コンピュータ上で数値を表そうとする場合，2 進数による表現が前提になる．「0 と 1 という論理値で表される情報量」を 1 ビットとよぶ．一つの論理値は 1 ビットの情報量をもつといい換えることもできる．前節でいえば，2 進数 1 桁は明らかに 1 ビットの情報量をもつし，16 進数 1 桁は 4 ビットの情報量をもつことになる．また，論理回路の 1 本の信号線で一度に伝えることができる情報量も 1 ビットである．

一般に，n 桁の 2 進数は，0 から $(2^n - 1)$ までの正の整数を表せる．よって，n ビットの情報量で表せる正の整数の範囲も同様である．このことから，n 桁の 2 進数を n ビットの 2 進数ということがある．

一方，我々がコンピュータを使って数を扱うにあたり，正の数だけでなく，負の数も表現できないと不便である．人間が数を読み取る場合であれば，マイナスの符号が書いてあれば負の数であると理解できる．しかし，コンピュータが扱える値は 0 と 1 の組み合わせだけであるから，この制限のなかでどのようにして負の数を表現するか（符号と絶対値をどのように表すのか），ハードウェアとソフトウェアの両方の観点から考える必要がある．

コンピュータ上でのデータ表現では，使用する桁数，すなわちビット数によって表現が変わる．ビットの並びを扱う際に，左端のビットを最上位ビット（Most Significant Bit；略して MSB）とよび，右端のビットを最下位ビット（Least Significant Bit；略して LSB）とよぶ（図 2.9）．

図 2.9 MSB（最上位ビット）と LSB（最下位ビット）

また，情報量としての 8 ビットのことを 1 バイトとよぶ．情報量の単位として使うときは，ビットを b，バイトを B と表記することが多い．

以下では，コンピュータ上で整数を表す方法について説明する．

2.2.1 符号なし整数

負の数に意味がなく，正の数とゼロだけ扱えればよいという場合も多い．この場合は，符号なし整数（Unsigned integer number）が用いられる．C 言語などのプログラミング言語では，unsigned を前置して定義される整数型変数（unsigned int, unsigned char など）がこの分類になる．符号なし整数は，当然ながら負の数を扱えないので，演算結果がゼロを下回った場合などには，正しい値を保持できなくなることに注意が必要である．

2.2.2 符号付き整数

正負両方の整数を扱う場合，符号付き整数（Signed integer number）が用いられる．C 言語などのプログラミング言語では，signed を前置して定義される整数型変数（signed int, signed char など）がこの分類になる.

コンピュータ上での符号付き整数の表現方法はいくつかあり, 状況によって使い分けが行われる. MSB（最上位ビット）を符号を表す符号ビットとして使用することが多く, 符号ビットが 0 のときが正の数, 1 のときが負の数を表す. なお, 前項で扱った符号なし整数には, このような符号ビットはないことに注意しよう. 符号付き整数の代表的な表現方法を, 以下で説明する.

◆ 符号－絶対値表現

MSB を符号ビット（0 のとき正, 1 のとき負）として使い, 残りのビットで絶対値を表す表現方法である.

◆ 1 の補数表現

MSB を符号ビット（0 のとき正, 1 のとき負）として使う. 符号ビットが 0, すなわち正の数の場合には, 残りのビットで絶対値を表す. 符号ビットが 1, すなわち負の数の場合の絶対値は, 符号ビットを含む全ビットを反転することで得られる. このことから, 絶対値が同じ正負の数を加算すると, 全ビットが 1 になるという性質がある. このような数を互いに 1 の補数という.

◆ 2 の補数表現

MSB を符号ビット（0 のとき正, 1 のとき負）として使う. 符号ビットが 0, すなわち正の数の場合には, 残りのビットで絶対値を表す. 符号ビットが 1, すなわち負の数の場合の絶対値は, 符号ビットを含む全ビットを反転したものに 1 を加算して得られる. このような数を互いに 2 の補数という.

◆ ゲタばき（biased）表現

正負問わず, すべての数にバイアス（bias）値を加算し「ゲタを履かせ」, 正の数にしてしまったものを表現形とする方法である. MSB から符号を読み取ることができるが, 0 のとき負, 1 のとき正またはゼロとなり, ほかの手法と逆であるから注意しよう.

■ 2.2.3　符号付き整数表現の比較

符号付き整数表現の各表現方式について, 8 ビットの場合の例を表 2.2 に示す. ここから, 以下のような特徴が読み取れる.

- ゲタばき表現以外の場合, 正の数の表現形は同じであり, 8 ビットの場合は 1 から $(2^7 - 1)$ $(= 127)$ までの正の整数を扱える.
- 符号－絶対値表現と 1 の補数表現は, 0 に二つの表現形がある. そのため, これらの表現を使った処理系を採用する場合には, 二つの 0 を同じとみなせる設計としなければならない. もちろんこれでは冗長になり, また論理回路による演算の際には正負の場合分けが必要であるから, 採用されることはあまりない.

2.2　コンピュータにおける 2 進数による整数の表現　　19

表2.2　8ビットの場合の各表現形の例

	整数値	符号−絶対値	1の補数	2の補数	ゲタばき[1]
正の数	127	01111111	01111111	01111111	11111111
	126	01111110	01111110	01111110	11111110
	⋮				
	2	00000010	00000010	00000010	10000010
	1	00000001	00000001	00000001	10000001
ゼロ	+0	00000000	00000000	00000000	10000000
	−0	10000000	11111111	なし	なし
負の数	−1	10000001	11111110	11111111	01111111
	−2	10000010	11111101	11111110	01111110
	⋮				
	−127	11111111	10000000	10000001	00000001
	−128	なし	なし	10000000	00000000

1）ゲタ（bias）を128としたとき.

- 2の補数表現は，0の表現型が統一されており，2.2.4項で確認するように，正負の演算を表現型そのままで実行できる．このような特長があるため，もっともよく使われる表現方法である．
- ゲタばき表現は，2.3.2項で確認するように，浮動小数点数の指数部の表現形として用いられるため，重要である．小さい数から大きい数までの並び順が，符号なし整数として表現した場合と同じになるため，このような並び順を保存したい場合に使われる．ただし，符号−絶対値表現や1の補数表現と同じように，論理回路による演算の際に場合分けが必要である．

▌2.2.4　2の補数による減算

　符号付き整数の表現として2の補数が広く使われるが，その大きな理由は，一つのハードウェアで正負の数を区分なしに扱えるところにある．

　2の補数を使って減算を行う例を見てみよう．**図2.10**は，負の数を2の補数で表現した8ビットの符号付き整数の演算の例である．このように，減算は「負の数の加算」として，加算と同じ処理で行えることがわかる．これは，ハードウェアとして加算器だけ用意すれば，負の数を足すことで実質として減算も行えることを意味しており，負の数の表現方法として極めて有利である．

　ただし，表現に用いる桁数（図2.10では8ビット）を超えた桁に，形式的な繰り上がりが発生するから，有効桁内（この例では8ビット）で数を扱うよう注意しなければならない．

20　第2章　データの表現

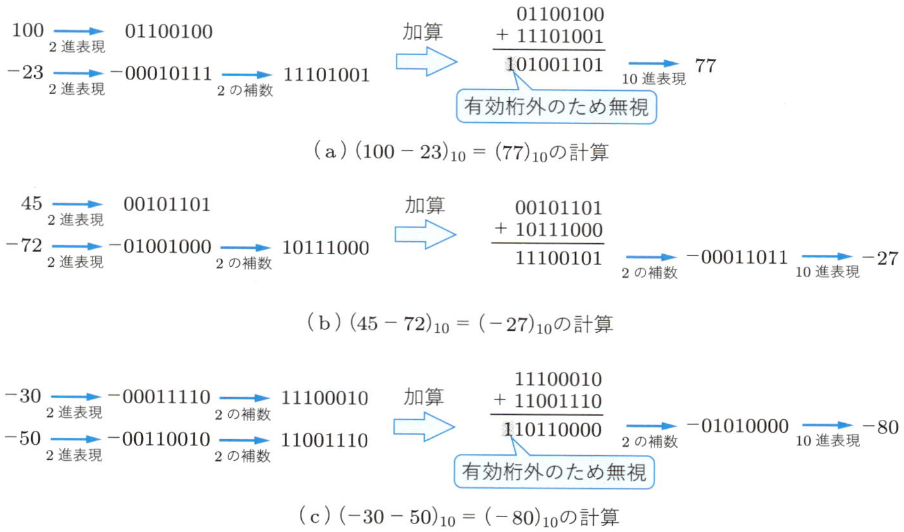

$$100 \xrightarrow[\text{2 進表現}]{} 01100100$$

$$-23 \xrightarrow[\text{2 進表現}]{} -00010111 \xrightarrow[\text{2 の補数}]{} 11101001$$

加算

$$\begin{array}{r} 01100100 \\ + \ 11101001 \\ \hline 101001101 \end{array} \xrightarrow[\text{10 進表現}]{} 77$$

有効桁外のため無視

（a）$(100 - 23)_{10} = (77)_{10}$ の計算

$$45 \xrightarrow[\text{2 進表現}]{} 00101101$$

$$-72 \xrightarrow[\text{2 進表現}]{} -01001000 \xrightarrow[\text{2 の補数}]{} 10111000$$

加算

$$\begin{array}{r} 00101101 \\ + \ 10111000 \\ \hline 11100101 \end{array} \xrightarrow[\text{2 の補数}]{} -00011011 \xrightarrow[\text{10 進表現}]{} -27$$

（b）$(45 - 72)_{10} = (-27)_{10}$ の計算

$$-30 \xrightarrow[\text{2 進表現}]{} -00011110 \xrightarrow[\text{2 の補数}]{} 11100010$$

$$-50 \xrightarrow[\text{2 進表現}]{} -00110010 \xrightarrow[\text{2 の補数}]{} 11001110$$

加算

$$\begin{array}{r} 11100010 \\ + \ 11001110 \\ \hline 110110000 \end{array} \xrightarrow[\text{2 の補数}]{} -01010000 \xrightarrow[\text{10 進表現}]{} -80$$

有効桁外のため無視

（c）$(-30 - 50)_{10} = (-80)_{10}$ の計算

図 2.10　2 の補数を使った減算の例

2.2.5　桁あふれ（オーバーフロー）

コンピュータで扱う数は，2.2.3 項で見たように，表現形と桁数（ビット数）を決めて使うものである．演算結果が，この決めた形式で表せる範囲を超えてしまうことがある．これをオーバーフロー（桁あふれ）といい，オーバーフローが起こると正しい演算結果は得られなくなる．

2.3 ▶ コンピュータにおける 2 進数による実数の表現

コンピュータは計算をするための機械であるから，整数だけでなく，実数も扱えることが重要である．ただし，数学分野での実数は，無限の桁数をもつ小数も包含する概念であるが，コンピュータはあくまでも有限の桁数の数しか扱えない．したがって，「実数」といっても，数学の扱う実数とは概念としてまったく異なり，小数部分を含む数という程度の意味しかない．

コンピュータ上で「実数」を表現する方法は，固定小数点数と浮動小数点数に大別される．

2.3.1　固定小数点数

ビットの並びのいずれかの桁に小数点を固定し，小数を含む数を表す方法を固定小数点方式といい，これにより表された数を固定小数点数という．

小数点より右の桁については，右に桁が移るごとに，桁の価値が $\frac{1}{2}$ になる．考え方としては，前節で扱った整数と同じであり，整数も LSB の右に小数点を置いた固定小数点数と考えることができる．

図 2.11 に，下から 3 桁目と 4 桁目の間に小数点を置いた場合の固定小数点表記の例を示す．小数点のすぐ左が 1（$= 2^0$）の桁，そこから右に行くにつれ，桁の価値が 2^{-1}, 2^{-2}, 2^{-3} と $\frac{1}{2}$ 倍

2.3　コンピュータにおける 2 進数による実数の表現　21

$$2\text{進数表記：} \mathbf{1 \ 0 \ 1 \ 0 \ 0 \ . \ 0 \ 1 \ 1}$$
各桁の価値： $2^4 \quad 2^3 \quad 2^2 \quad 2^1 \quad 2^0 \quad 2^{-1} \quad 2^{-2} \quad 2^{-3}$

変換すると

$$(10100.011)_2 = (2^4 \times 1 + 2^3 \times 0 + 2^2 \times 1 + 2^1 \times 0 + 2^0 \times 0 + 2^{-1} \times 0 + 2^{-2} \times 1 + 2^{-3} \times 1)_{10}$$
$$= (16 + 4 + 0.25 + 0.125)_{10} = (20.375)_{10}$$

図 2.11　固定小数点数表記の例

になっていくことに注意しよう．図 2.6 の例と比較すると，ビットの並びは同じであるが，小数点が左に 3 桁移ることで，値が $\dfrac{1}{8}$（ $= 2^{-3}$ ）倍になっている．

　固定小数点数は，小数点の位置を決めた時点で小数点以下で表せる情報量も決まってしまうから，表現できる値の範囲が限定されてしまう．このため，実数の表現方法としては，次に紹介する浮動小数点数を使うのが一般的である．

▌2.3.2　浮動小数点数

　限られた桁数（ビット数）で表現できる実数の範囲を広げるために，

$$(-1)^{符号} \times 仮数部 \times 基数^{指数部}$$

の形式で表すことを浮動小数点方式といい，この方式で表された数を浮動小数点数という．仮数部とは一般に，整数部が 1 桁となるようにもとの数をずらしたものであり，「かすうぶ」と読む．

　基数として 10 を使った場合，$(1234000000000)_{10}$ を表現するには 13 桁分の情報が必要である．しかし，

$$(-1)^0 \times 1.234 \times 10^{12}$$

と表記すれば，符号として 1 桁，仮数部として 4 桁，指数部として 2 桁の合計 7 桁で表現できる．もっと 0 の個数が多い場合であっても，10^{99} までの桁数であれば，指数部を 2 桁で表現できる．そのため，この表記法は広い範囲の値を扱ううえで優れていることがわかる．

　コンピュータでは基数として 2 を使うため，浮動小数点数として表す際には一般に

$$(-1)^S \times 1.M \times 2^E$$

という形式となる．現在広く使われている IEEE 754 形式*では，図 2.12 の (a)，(b) でそれぞれ

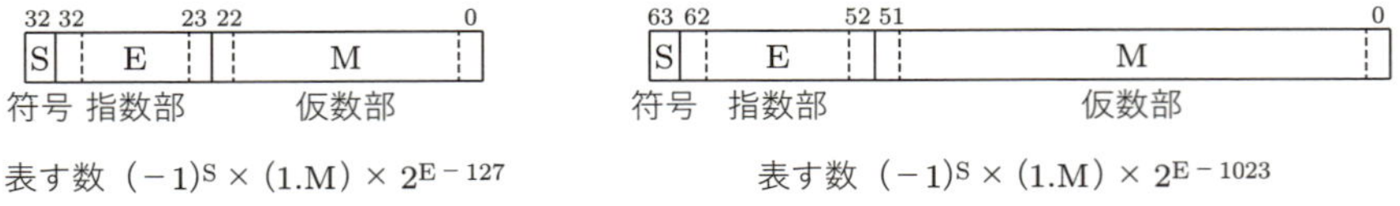

表す数 $(-1)^S \times (1.M) \times 2^{E-127}$ 　　　　表す数 $(-1)^S \times (1.M) \times 2^{E-1023}$

（a）IEEE754 単精度浮動小数点数（32ビット）　　（b）IEEE754 倍精度浮動小数点数（64ビット）

図 2.12　IEEE 754 形式の浮動小数点形式

＊「アイトリプルイー」754 と読む．IEEE（米国電気電子学会）は，新しい技術の規格のとりまとめを行っており，この浮動小数点数の規格もその一つである．

22　第 2 章　データの表現

示した単精度と倍精度という形式のほか，128 ビットの 4 倍精度の形式が定義されており，広く用いられている．

なお 2 進数で表された実数は，たとえば 1001.101 のように，そのままでは仮数部の表記にマッチしない．そのため，浮動小数点数として表現するには

$$1001.101 = 1.001101 \times 2^3$$

のように，小数点の位置をずらす処理が必要である．このように，仮数部が 1 以上，2 未満になるように小数点の位置をずらすことを正規化という．2 進数を正規化すると，（ゼロを除き）整数部が必ず 1 になることを利用して，IEEE 754 形式では，仮数部（M）に整数部の '1' を格納しないことに注意しよう．そのため，図 2.12 では仮数部を 1.M と表記している．

また，IEEE 754 形式の MSB（最上位ビット）は符号ビットであり，表現される数自体の符号を表している．全体の符号以外に，指数部も負になることがあるから，このような場合の表現方法を考えておく必要がある．図 2.12 のとおり，IEEE 754 形式では指数部の表現方法として，2 の補数表現ではなく，単精度の場合には 127，倍精度の場合には 1023 のゲタ履き表現を用いて，正の数として表現できるようにしていることに注意しよう．

▶ 演習問題

2.1　次の 10 進数を 2 進数に変換せよ．
　　(1) $(56)_{10}$　　(2) $(230)_{10}$　　(3) $(321)_{10}$　　(4) $(419)_{10}$　　(5) $(503)_{10}$

2.2　次の 2 進数を 10 進数に変換せよ．
　　(1) $(101)_2$　　(2) $(1011)_2$　　(3) $(11101)_2$　　(4) $(101011)_2$　　(5) $(1100001)_2$

2.3　次の 2 進数を 16 進数に変換せよ．
　　(1) $(110)_2$　　(2) $(11000)_2$　　(3) $(1011110)_2$　　(4) $(10110011)_2$　　(5) $(111000101)_2$

2.4　次の 16 進数を 2 進数に変換せよ．
　　(1) $(9)_{16}$　　(2) $(21)_{16}$　　(3) $(4A)_{16}$　　(4) $(3C4)_{16}$　　(5) $(4709)_{16}$

2.5　9 ビットの符号なし 2 進整数が表せる値の範囲を，10 進数で答えよ（指数を使わずに表すこと）．

2.6　$(7777)_{10}$ を符号なし 2 進整数で表現したい．最小で何ビット必要か．

2.7　次の 10 進整数を 8 ビットの符号なし 2 進数として表せ．
　　(1) $(6)_{10}$　　(2) $(20)_{10}$　　(3) $(72)_{10}$　　(4) $(153)_{10}$　　(5) $(211)_{10}$

2.8　次の 10 進整数を 8 ビットの(a)符号－絶対値表現，(b) 1 の補数表現，(c) 2 の補数表現の各方式で，符号付き 2 進整数として表現せよ．
　　(1) $(45)_{10}$　　(2) $(-45)_{10}$　　(3) $(100)_{10}$　　(4) $(-100)_{10}$

2.9　次の 8 ビット 2 進数を 10 進数に変換せよ．ただし，負の数は 2 の補数で表現されているとする．
　　(1) 01011010　　(2) 11011010　　(3) 10000011　　(4) 01110001

2.10　次の 10 進整数を 5 ビットのゲタばき 2 進整数として表現せよ．ただし，ゲタ（bias）を 16 とする．
　　(1) $(4)_{10}$　　(2) $(-4)_{10}$　　(3) $(15)_{10}$　　(4) $(-10)_{10}$

2.11　次の 10 進数の演算を(a) 2 進数の式で表してから，(b) 8 ビットの符号付き 2 進表現の加算として表記せよ．さらに，(c)図 2.10 のように 2 進数の筆算で計算し，有効桁数に注意して，解を 8 ビッ

演習問題　23

トの 2 進表現として表せ. (d)最後に, 得られた符号付き 2 進表現を 10 進数に変換し, 演算結果を確認せよ. ただし, 負の数には 2 の補数表現を用いること.

(1) $(115 - 81)_{10}$　　(2) $(-64 + 54)_{10}$　　(3) $(-10 - 109)_{10}$　　(4) $(94 - 120)_{10}$

2.12　次の 2 進数を正規化せよ.

(1) 101.00101　　(2) 0.001011

2.13　次のビット列が IEEE 754 単精度浮動小数点数であるとして, 10 進数に変換せよ.

(1) 1 10000010 01011000000000000000000　　(2) 0 10000011 10001010000000000000000

2.14　次の 10 進数を, IEEE 754 単精度浮動小数点数で表現せよ.

(1) 11.25　　(2) -4321.125

CHAPTER 3 ▶ 演算回路

　第1章で，コンピュータは論理回路を基本としており，基本論理ゲートや派生論理ゲートなどが構成要素であることを確認した．実際のコンピュータは，これらのゲートやそのほかの素子を組み合わせて作られる．本章では，コンピュータの処理の基本である加減算や論理演算ができる回路を，どのように構成するのかを学んでいこう．

3.1 ▶ 加減算器と減算器

　コンピュータは情報を「処理」する機械である．さまざまな情報処理の基本は加算と減算であるから，これらを行う回路は必要不可欠である．本節では，このような加算や減算を行う回路の構成方法について学んでいく．

■ 3.1.1 半加算器

　加算器は「足し算」をする回路である．まず，2進数1桁の加算について考えよう．これは，図3.1(a)に示すように，「0 + 0 = 0」，「0 + 1 = 1」，「1 + 0 = 1」，「1 + 1 = 10」の4通りですべてである．よって，足される数をX，Yとして入力とみなし，答えの各桁をC，Zとして出力と見れば，同図(b)のように真理値表を作ることができる．1桁の加算でも，答え（出力）が1 + 1 = 10の場合のように2桁になることがあるから，真理値表の出力が2ビットになっていることに注意しよう．

		X	Y	C	Z	(10進)
0 + 0 = 0		0	0	0	0	(0)
0 + 1 = 1	真理値表	0	1	0	1	(1)
1 + 0 = 1	にすると	1	0	0	1	(1)
1 + 1 = 10		1	1	1	0	(2)
（a）加算		（b）真理値表				

図3.1　2進数1桁の加算の真理値表

　2進数1桁の加算を行う回路を半加算器（Half Adder；略してHA）という．半加算器の回路図を図3.2にまとめた．出力信号Cは，上位桁への繰り上がり（Carry）に相当する．

　半加算器の真理値表は，図3.1(b)と同じである．これから積和標準形を使って回路を構成すると，図3.2(a)のようになる．2個の1桁の数が入力となるから，入力信号はXとYの二つであり，出力信号のZとCが計算結果2桁に対応する．さらに，答えの1桁目である出力Zは，真理値表を見るとXとYのXORに等しいことがわかる．そのため，XORゲートに置き換えて表記すれば，同図(b)のように簡単になる．半加算器は多くの場合，モジュール（ひとかたま

3.1　加減算器と減算器　25

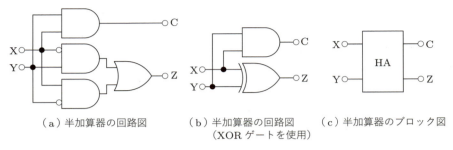

（a）半加算器の回路図　　（b）半加算器の回路図　　（c）半加算器のブロック図
　　　　　　　　　　　　　（XOR ゲートを使用）

図 3.2　半加算器

りの部品）として使われることから，同図(c)のようにブロック図として表記される．

　2桁以上の加算をする場合，半加算器だけでは回路を構成できない．なぜなら，半加算器は入力信号が2本しかなく，下位桁からの繰り上がりを処理できないからである．これに対応するための回路が全加算器である．

▋3.1.2　全加算器

　1ビットの数三つの加算を行う回路を**全加算器**（Full Adder；略して **FA**）という．ここで，三つめに足される数が下位桁からの繰り上がりの有無に対応している．半加算器のときと同じように，2進数1桁三つの加算を考えると，「0 + 0 + 0 = 0」から「1 + 1 + 1 = 11」までの8通りがある．このことから，足される数をX, Y, C_0 として入力とみなし，答えの各桁を C_1, Z として出力と見れば，真理値表は**図 3.3** のようになる．2進数1桁三つの加算であるから，答え（出力）が10進数の0から3までになることに注意しよう．

	X	Y	C_0	C_1	Z	(10進)
0 + 0 + 0 = 0	0	0	0	0	0	(0)
0 + 0 + 1 = 1	0	0	1	0	1	(1)
0 + 1 + 0 = 1	0	1	0	0	1	(1)
0 + 1 + 1 = 10	0	1	1	1	0	(2)
1 + 0 + 0 = 1	1	0	0	0	1	(1)
1 + 0 + 1 = 10	1	0	1	1	0	(2)
1 + 1 + 0 = 10	1	1	0	1	0	(2)
1 + 1 + 1 = 11	1	1	1	1	1	(3)

（a）加算　　　　　　　　　　　　（b）真理値表

図 3.3　全加算器の真理値表

　全加算器の回路図について**図 3.4** にまとめた．また，真理値表は図 3.3(b)と同じである．入力信号のうち C_0 が下位桁からの繰り上がりに相当し，出力信号 C_1 が上位桁への繰り上がりとなる．なお図 3.4(a)では，基本論理ゲートおよび派生論理ゲート（XOR）を使って回路を構成している．全加算器も半加算器と同じようにモジュールとして使われるので，同図(b)のブロック図として表記されることが多い．

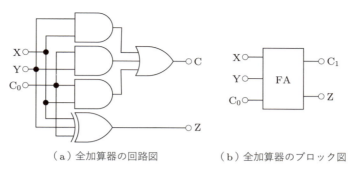

（a）全加算器の回路図　　（b）全加算器のブロック図

図 3.4　全加算器

3.1.3　多ビット加算器

前項で，HA（半加算器）と FA（全加算器）によって，1 ビットの数どうしの加算と 1 ビットの数三つの加算が行えることを学んだ．それでは，n ビットの数の足し算のような一般の場合の加算器はどのように構成すればよいだろうか．それを確認するために，例として 8 ビットの加算の過程を，図 3.5 を見ながら追ってみよう．

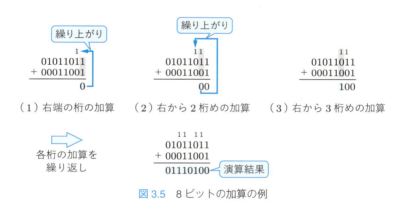

図 3.5　8 ビットの加算の例

加算は，必ず LSB（右端の桁）から始まる．図 3.5(1) のように，LSB の 1 ビットどうしを加算することで，その桁の加算結果と繰り上がりの有無が判明する．繰り上がりがある場合は，繰り上がりの '1' が次の桁に送られる．続いて同図(2)のとおり，**右の桁からの繰り上がりを含めて 2 桁目の加算を実施する**．これにより，2 桁目の加算結果と 3 桁目への繰り上がりの有無が判明する．繰り上がりがある場合は，繰り上がりの '1' が 3 桁目に送られる．同様の操作を，1 桁ずつ左の桁に移動しながら行っていく．繰り上がりがない場合は，同図(3)のように，次の桁への繰り上がりの '1' は送らない．最終的に，MSB（左端の桁）まで順番に加算を行うことで，全体の加算が完了する．

このように，LSB 以外の桁では，右の桁からの繰り上がりも含めた 1 ビットの数三つの加算が必要となることがわかる．以上の観察を踏まえると，8 ビットの整数の加算

3.1　加減算器と減算器　　27

$$X_7X_6X_5X_4X_3X_2X_1X_0 + Y_7Y_6Y_5Y_4Y_3Y_2Y_1Y_0 = C_7Z_7Z_6Z_5Z_4Z_3Z_2Z_1Z_0$$

を行うハードウェアは，図 3.6(a)のような構成となる．LSB は $X_0 + Y_0$ の 1 ビットどうしの加算を行うハードウェア，2 桁目は X_1 と Y_1 だけでなく，繰り上がり C_0 を含む三つの数の入力の加算を行うハードウェアで実装する．3 桁目以降も同様に，三つの入力の加算が行われていく．また，1 ビットどうしの加算は HA で行うことができ，1 ビットの数三つの加算は FA で行えるから，結局，8 ビットの加算器は同図(b)のような構成となる．

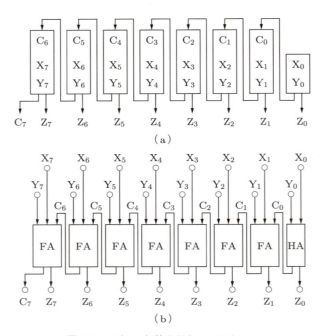

図 3.6 8 ビット加算を行うハードウェア

入力が何ビットあっても，同じ考え方で HA と FA を組み合わせればよいから，一般の n ビットの場合の加算器は図 3.7 のようになる．図 3.6 での繰り上がりを渡す部分の配線を折り曲げない表記に変えているが，同じ回路であることを確認してほしい．

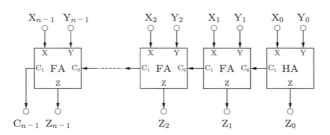

図 3.7 n ビット加算器

3.1.4 減算器

「引き算」，すなわち減算をする回路を減算器という．2.2.4 項で，整数の減算は 2 の補数を使っ

て実現されることを学んだ．したがって，加算器に2の補数を作る機能を追加すれば，減算器を作ることができる．

2の補数を作るには，もとの数をビット反転してから1を加算すればよい．図3.8にnビット減算器を示す．

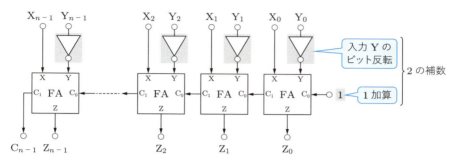

図3.8　nビット減算器

nビット加算器と比べると，以下の2箇所が変わっている．

- 入力YにNOTゲートが挿入されている．
- LSBの加算モジュールがFAに置き換わっており，C_0から '1' が入力されている．

挿入されたNOTゲートは，入力Yの各桁を反転するためのものである．LSBの加算器をFAにして '1' を加えることで，「ビット反転して1を加算する」が実現され，入力Yを2の補数に変換できる．これにより，X − Yの演算を行うことができる．

3.1.5　加減算器

前項で見た減算器は，加算器に2の補数を生成する機能を追加したものであった．この追加部分が有効か無効かを切り換えられるようにすれば，加算にも減算にも使えて大変便利である．図3.9のように，減算器のNOTゲートをXORゲートに置き換え，制御入力opを与えて有効か無効かのコントロールができるようにすると，加算も減算もできる「加減算器」となる．

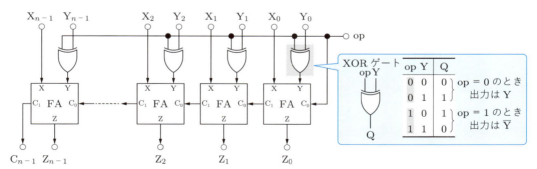

op = 0のとき：Yは2の補数にならない → 加算器
op = 1のとき：Yは2の補数になる → 減算器

図3.9　nビット加減算器

3.1　加減算器と減算器　29

XORゲートは，片方の入力が '0' のときは，もう片方の入力がそのまま出力される．また，片方の入力が '1' のときは，もう片方の入力が反転して出力される．この性質を利用することで，この加減算器は，opが0のときは加算器，opが1のときは減算器として動作する．

3.2 マルチプレクサと3ステートバッファ

コンピュータでは，複数の入力から一つの入力を選ぶ回路がよく使われる．たとえば，記憶されている複数の値のうち一つだけを選んで演算に利用したい場合などが挙げられる．ここでは「選ぶ回路」として，マルチプレクサと3ステートバッファを紹介する．

3.2.1 マルチプレクサ

マルチプレクサ（MUltipleXer；略してMUX）とは，入力される複数のデータ信号のなかから一つを選び，出力する回路である．各データ信号の入力箇所には数字によるラベルが割り振られており，その数字を指定することによって出力を選択する．ここで，数字の指定に使われる信号を制御入力といい，データ信号とともに受信する．

2個の入力から一つを選んで出力する，2入力マルチプレクサを図3.10に示す．同図(a)の回路記号に示された4本の信号線のうち，S, X, Yが入力，Qが出力である．したがって，3入力1出力の回路ということになるが，3本の入力のうち，Sを制御入力とみなし，残りの2本X, Yをデータ信号の入力と考えて，2本の入力から1本を選ぶ「2入力マルチプレクサ」とよばれる．

動作は，同図(b)のように，Sで制御される双投スイッチにより信号入力XかYのいずれかが出力Qに接続されると考えればわかりやすいだろう．制御入力Sによって，XとYのどちらが出力に接続されるかは，回路記号に書かれた0および1のラベルによって判断する．同図(a)の場合は，入力Xにラベル0，入力Yにラベル1が付されていることから，S = 0のときはX, S = 1のときはYが出力される．その結果，真理値表は同図(c)のようになる．

3入力以上のマルチプレクサも必要に応じて使われる．N入力のマルチプレクサの場合，N本の信号入力を区別するため，$\log_2 N$本の制御入力が必要となる．

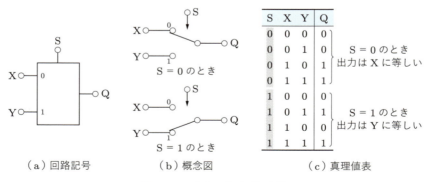

(a) 回路記号　　　(b) 概念図　　　(c) 真理値表

図3.10　2入力マルチプレクサ

また，複数本の信号線を一括して選択する場合，信号線の本数と同じだけの個数のマルチプレクサを用意し，共通の制御信号を与えることになる．この場合には，バス信号の表し方を使うと，回路記述がシンプルになり，動作も理解しやすくなる．図 3.11 に，4 ビットの 2 入力マルチプレクサの例を示す．

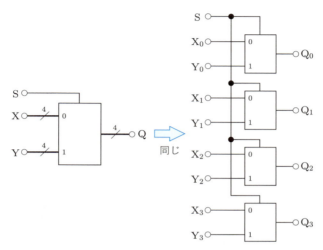

図 3.11　4 ビットの 2 入力マルチプレクサの例

3.2.2　3 ステートバッファ

実際に動作する論理回路を構成するうえで電気的に重要な要素として，バッファ（図 3.12(a)）がある．バッファは 1 入力 1 出力のゲートであり，つねに入力と同じ論理値が出力される．そのため，論理的にはなにもしないが，電気回路的には重要な意味をもつ[*]．

バッファにスイッチの機能を追加したものが 3 ステートバッファである．正論理のもの（同図(b)）と負論理のもの（同図(c)）があるが，どちらも X と g が入力，Q が出力であり，2 入力 1 出力の回路と見ることができる．まず正論理の同図(b)から見ていこう．真理値表の出力として，

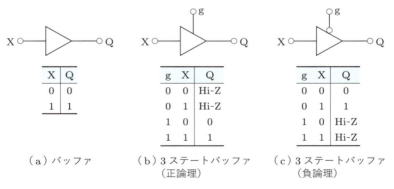

図 3.12　バッファと 3 ステートバッファ

---

[*] 論理的には導線でつなぐだけでも 0 か 1 かを伝えることができるが，コンピュータを高速に動かすにはそれでは不十分な場合がある．そのような場合に，トランジスタを使って作られるバッファが必要となる．

'0'，'1' 以外に 'Hi-Z' という状態があるのが特徴である．'Hi-Z' は，「高インピーダンス」状態を表す．これは簡単にいうと，抵抗値が無限大，すなわち，接続が切れている状態を意味する．このことから，正論理の 3 ステートバッファは，図 3.13 の概念図で表すことができる．g = 0 のときは，同図(a)右のように入力 X から出力に信号が伝わらない状態となる．このとき，Q がプルアップ/プルダウンされているか，あるいはほかの信号線に接続されていなければ，Q の値は不定となる．g = 1 のときは，入力 X がそのまま出力となるから，ふつうのバッファと同じ働きをする．

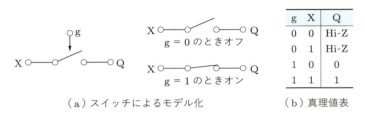

図 3.13　正論理 3 ステートバッファの概念図

'0' と '1' のほかに 3 番目の状態（state）として 'Hi-Z' をもつことから，「3 ステート」バッファとよばれる．2 入力 1 出力の回路ではあるが，入力 g はスイッチの制御を担当する「制御入力」とみなし，データ入力は X 一つだけと考えることが多い．

図 3.12(c) は，負論理の 3 ステートバッファである．動作については，図 3.13 の概念図の制御入力 g に NOT ゲートを付けて考えればよい．信号が出力に伝わる条件（g = 0）が正論理の 3 ステートバッファとは逆になる．

3.3　算術論理演算器（ALU）

加減算器では，XOR ゲートの片方の入力を '0' と '1' に固定することで，ビット反転するかしないかを制御していた．この発想で，加減算器にさらにいろいろな働きをさせてみよう．加減算器の主要部分は FA（全加算器）である．FA の一つの入力 C_0 を '0' や '1' に固定して振る舞いを調べると図 3.14 のようになる．なお，ここでは FA の真理値表を同図(a)として再掲している．

- $C_0 = 0$ に固定した場合：真理値表は，図 3.14(b) の左側のように X, Y の組み合わせ 4 種類だけの簡単なものになる．この真理値表の出力は，すぐ気付くように，$C_1 = X \cdot Y$, $Z = X \oplus Y$ となっている．よって，この場合の FA は AND ゲートと XOR ゲートの組と同じ動作をすることがわかる．
- $C_0 = 1$ に固定した場合：真理値表は，図 3.14(c) の左側のようになる．このように，出力はそれぞれ $C_1 = X + Y$, $Z = \overline{X \oplus Y}$ となることがわかる．よって，この場合の FA は OR ゲートと EQ ゲートの組と同じ働きをする．

以上の性質を用いると，複数の FA を使って，ビットごとの AND, OR, XOR, EQ を演算する回路を作ることができる．このような演算器を論理演算器とよび，図 3.15 のように構成される．

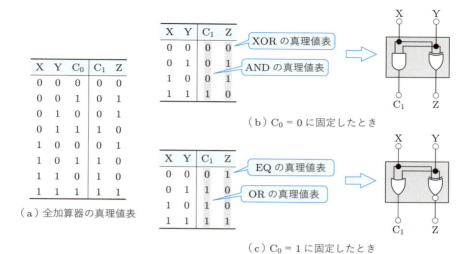

(a) 全加算器の真理値表

(b) $C_0 = 0$ に固定したとき

(c) $C_0 = 1$ に固定したとき

図 3.14　FA の真理値表の分析

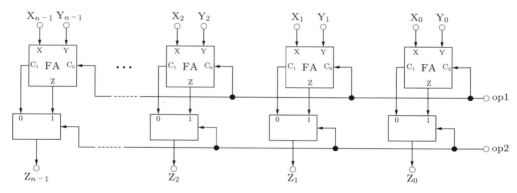

図 3.15　論理演算器

op1 は，すべての FA の C_0 に接続されている．そのため，op1 $= 0$ のとき，すべての FA は AND 演算と XOR 演算を行い，op1 $= 1$ のときはすべての FA が OR 演算と EQ 演算を行うことになる．また，出力線 Z_0 から Z_{n-1} に接続されているマルチプレクサにより，Z と C_1 のどちらを出力するのかを選択することができる．マルチプレクサによる選択は，op2 により制御される．

さらに，この論理演算器と加減算器を合わせたものが**算術論理演算器**（Arithmatic Logical Unit：略して ALU）であり，**図 3.16** のように構成される．図 3.15 と比較すると，論理演算器に対して，入力 Y のビット反転を制御するための XOR ゲート，各 FA の C_0 に与える信号を制御するマルチプレクサ，およびそれらを制御する信号 sub, carry が追加されていることがわかる．

Y のビット反転用の XOR ゲートは，3.1.5 項で見たように，減算器として動作させたいときに使われる．その動作の有無を制御するために信号 sub が使われる[*]．

各 FA の右側の C_0 に接続されているマルチクプレクサは，C_0 の入力として下位桁の C_1 を受

---

[*] sub という名前は，subtraction（減算）からきている．

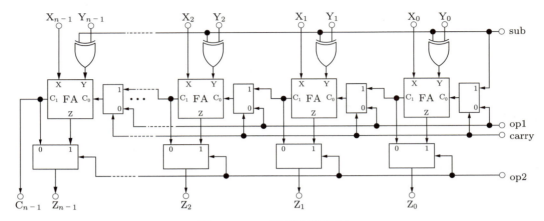

図 3.16 ALU（算術論理演算器）

け取るか，制御入力 op1 を受け取るかを制御するためのものである．制御信号 carry が 0 のときは，各 FA の C_0 には op1 が渡されるから，図 3.15 と同じ結線となる．

一方，制御信号 carry が 1 のときは，各 FA の C_0 は下位桁の C_1 を受け取る．そのため，sub = 0 のとき加算器，sub = 1 のとき減算器として働く．このとき，op1 は使われないので 0 でも 1 でもかまわないが，もちろん op2 は 1 にしておかないと加減算器としての出力が得られない．

図 3.16 の ALU の内部構造はかなり複雑に見える．しかし，その機能を考えてみると，n ビットの X と n ビットの Y に対して，(op1, op2, carry, sub) の組み合わせで指定された演算を施すというだけである．この機能に着目し，1.7 節で導入したバスを使うと，図 3.17 のように ALU を表すことができる．ここで op は，op1, op2, carry, sub をまとめた 4 本の信号線である．ALU などの演算器は，この図にあるような切り欠きのある台形として表すことが多い．ここで，切り欠きのある側が入力である．

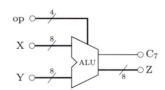

図 3.17 8 ビット ALU のバスによる表現

▶ 演習問題

3.1 図 3.18 の各回路について，真理値表を作成せよ．

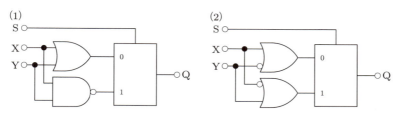

図 3.18　マルチプレクサの演習

3.2 図 3.19 の各回路について，真理値表を作成せよ．

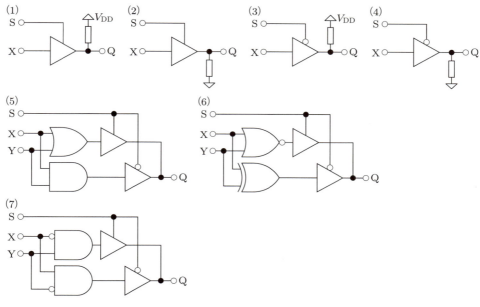

図 3.19　3 ステートバッファの演習

3.3 図 3.15 の論理演算器は，下記の場合にどんな演算器として動作するか答えよ．
(1) op1 = 0, op2 = 0 のとき．　(2) op1 = 0, op2 = 1 のとき．
(3) op1 = 1, op2 = 0 のとき．　(4) op1 = 1, op2 = 1 のとき．

3.4 図 3.16 の ALU は，下記の場合にどんな演算器として動作するか答えよ．
(1) carry = 0, op1 = 0, op2 = 0, sub = 0 のとき．
(2) carry = 0, op1 = 0, op2 = 1, sub = 0 のとき．
(3) carry = 0, op1 = 1, op2 = 0, sub = 0 のとき．
(4) carry = 0, op1 = 1, op2 = 1, sub = 0 のとき．
(5) carry = 1, op1 = 0, op2 = 1, sub = 0 のとき．
(6) carry = 1, op1 = 0, op2 = 1, sub = 1 のとき．

CHAPTER 4 ▶ 同期回路

コンピュータは，ソフトウェアが指示する処理の内容を順番に処理していく機械である．本章では，「順番に処理していく」ためのハードウェアの基本となる，同期回路について学ぶ．

4.1 ▶ クロック信号とフリップフロップ

コンピュータのような大規模な論理回路を構成するには，各論理回路素子がバラバラなタイミングで動いたのでは都合が悪い．そのため，クロック信号とよばれる一つの信号に合わせて動作させ，タイミングを合わせる．このような構成方式を同期回路方式とよぶ．同期回路では，フリップフロップとよばれる回路が重要な働きをする．

■ 4.1.1　クロック信号

同期回路を構成するとき，クロック信号が重要な働きをする．クロック信号は，図 4.1 のように，一定周期で繰り返す信号である．この図では，横軸は時間 t であり，一定周期 T ごとに 0 と 1 を繰り返していることがわかる．

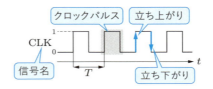

図 4.1　クロック信号のタイミングチャート

このように，横軸を時間として，各信号の値の移り変わりがわかるようにした図をタイミングチャート（またはタイムチャート）という．一般に，一つのタイミングチャートに複数の信号が書かれるため，各信号の区別のために信号名（この図では CLK）を添える．また，クロック信号の 1 の部分の「ひとやま」をクロックパルス（または単にパルス）という[*]．クロック信号以外でも，一般に信号波形の短時間の「でっぱり」や「ひっこみ」がパルスとよばれる．クロック信号が 0 から 1 に変化する瞬間のことをクロックの立ち上がり，逆に 1 から 0 に変化する瞬間を立ち下がりという．以下本書では，タイミングチャート内で CLK と書いて，クロック信号を表す．

論理回路のタイミングチャートでは，値の 0 と 1 は書かれないことが多く，自明な場合は時

---

[*] デューティ比が大きい場合は，クロック信号の 0 の部分をクロックパルスと見ることもできる．どの部分を「ひとかたまり」と捉えるかというだけの話である．

間軸も省略される．図 4.2(a) のように，クロック信号の周期のことをクロック周期（またはクロックサイクル周期）といい，周期 1 個分の信号のことをクロックサイクル（または単にサイクル）という．また，クロック周期の逆数がクロック周波数である．また，同図 (b), (c) に示すように，クロック周期 (T) に対して，クロック信号が 1 の部分の時間 (t) の占める割合 $\left(\dfrac{t}{T}\right)$ をデューティ比という．図を比較してわかるように，デューティ比が小さいほどクロック周期に対するクロックパルスの幅の割合は小さい．

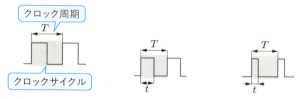

（a）クロックサイクル　（b）デューティ比 50%　（c）デューティ比 25%

図 4.2　クロック周期とデューティ比

4.1.2　フリップフロップ

1.6 節では，真理値表で表される論理回路について学んだ．このように，真理値表だけですべての動作を表現できる回路を，組み合わせ論理回路という．一方，論理ゲートを使って，「記憶する」機能をもつ回路を構成することができる．このような回路を順序論理回路という．順序論理回路では，過去の入力が現在の出力に影響を及ぼすため，真理値表だけではすべての動作を表現できない．

順序論理回路の例として，図 4.3 に SR フリップフロップという回路を示す．この回路は 2 個の NAND ゲートをもち，それぞれの出力が入力に戻されている（フィードバックをもつ）という特徴がある．初期状態として，二つの入力 $\overline{S}, \overline{R}$ がいずれも 1 の場合を考えよう．このとき二つの出力は，$(Q, \overline{Q}) = (0, 1)$ か $(Q, \overline{Q}) = (1, 0)$ のいずれかとなる*．ここでは，$(Q, \overline{Q}) = (0, 1)$ を初期状態とする（図 4.3(a)）．ここから，$\overline{S}$ を 1 から 0 に変化させると，まず Q が 0 から 1 へと変化する．さらに，Q は下側の NAND ゲートにフィードバックされているから，今度は $\overline{Q}$ が 1 から 0 に変化し，$(Q, \overline{Q}) = (1, 0)$ となって安定する（同図 (b)）．ここから $\overline{S}$ を 0 から 1 に戻しても，$(Q, \overline{Q}) = (1, 0)$ のままである（同図 (c)）．このとき，二つの入力 $\overline{S}, \overline{R}$ はいずれ

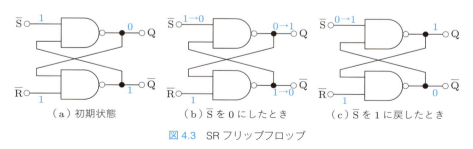

（a）初期状態　　　　（b）$\overline{S}$ を 0 にしたとき　　（c）$\overline{S}$ を 1 に戻したとき

図 4.3　SR フリップフロップ

---

* フィードバックがあるために，$(Q, \overline{Q}) = (0, 0)$ や $(Q, \overline{Q}) = (1, 1)$ は不安定で，永続できない．

も初期状態に戻っているにもかかわらず，途中の入力の影響を受けて，出力 (Q, $\overline{Q}$) が (1, 0) と初期状態から反転している．すなわち，この回路は記憶する機能をもっていることになる．なお，この状態から $\overline{R}$ を 1→0→1 と変化させると，(Q, $\overline{Q}$) を初期状態に戻すことができる．

このように，記憶する機能をもつ回路では，入力の順序により出力値が変わってしまうため，以降では，タイミングチャートを使って動作を表現していくことにしよう．

フリップフロップは，記憶する機能をもつ論理回路の代表的なものである．論理回路であるから，一つのフリップフロップが記憶できる値は，'0' または '1' のいずれかだけである．フリップフロップには，上で示した SR のほか，JK，T，D などの種類があるが，本項では，コンピュータを理解するうえで必須のものとして，D フリップフロップと JK フリップフロップを紹介する．

◆ D フリップフロップ

D フリップフロップ（D-FF）は，クロック信号に同期して 1 ビットの記憶が行えるフリップフロップである．図 4.4(a) の回路記号で表され，端子 D と CLK が入力，Q および $\overline{Q}$ が出力となる，2 入力 2 出力の順序論理回路である．

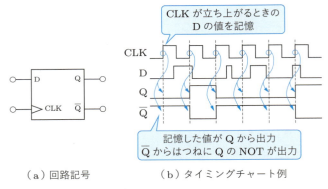

（a）回路記号　　（b）タイミングチャート例

図 4.4　D-FF の回路記号と動作

D-FF は，CLK の立ち上がりのタイミングでそのときの入力 D の値を記憶する．出力 Q からは，つねにその時点で記憶している値が出力されている．また出力 $\overline{Q}$ は，つねに Q の NOT を出力する．動作例のタイミングチャートを図 4.4(b) に示す．

フリップフロップなどのタイミングチャートでは，信号が変化する「きっかけ」がなにかを示すことが重要である．そのため図 4.4 では，図 4.5 に示すように○と矢印によって，変化のきっ

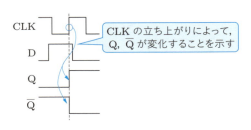

図 4.5　クロックへの同期の表現

かけがわかるように書いている．

多くの同期回路では，CLK 端子にクロック信号をそのまま入力する．その場合，クロック信号が変化のきっかけであることが自明なため，わざわざきっかけを明示しないことが多い．「クロック信号をきっかけに」変わることをクロックに同期して変わるという．クロックに同期することを前提に設計される回路を，同期回路という*．

◆ JK フリップフロップ

我々が通常，「記憶する」回路として想定する動作は，指示されたタイミングで指示された値を覚えるというものだろう．しかし残念ながら，上で説明した D-FF はそのような動作をせず，一定間隔で供給され続けるクロックパルスの立ち上がりで，つねに新しい D の値を覚えなおしてしまう．

この欠点を解消した回路が，JK フリップフロップ（JK-FF）である．これは，クロック信号の立ち上がりで必ず新たに記憶するのではなく，記憶している値を更新しない（以前に記憶していた値を保つ）という動作ができるようになっている．

図 4.6(a) に JK-FF の回路記号を示す．端子 J, K および CLK を入力，Q および $\overline{Q}$ を出力とする．3 入力 2 出力の順序論理回路である．入力信号が 3 本になっており，D-FF より記憶動作が複雑であるから，同図 (b) に状態変化を表としてまとめた．このように，J = 0, K = 0 のとき，以前記憶していた値を保つという動作を行う．J または K のどちらか片方だけが 1 のときは，その組み合わせに応じて 0 または 1 の値を記憶する（J の値を記憶する，と考えると覚えやすいだろう）．また，J = 1, K = 1 のときは，以前記憶していた値を反転するという動作になる．同図 (c) に，動作例のタイミングチャートを示す．

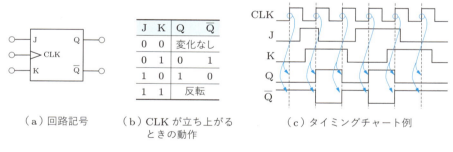

（a）回路記号　　（b）CLK が立ち上がるときの動作　　（c）タイミングチャート例

図 4.6　JK-FF の回路記号と動作

JK-FF に要素を追加し，使いやすくした回路の例を図 4.7(a) に示す．この回路では，入力 J と K を直接扱うかわりに，データ入力 In と制御入力 WE（Write Enable；「書き込み可」の意味）を使うようにしている．

WE = 0 のときは，二つの AND ゲートの出力がいずれも 0 になる．そのため，JK-FF の入

---

* なお，ここで説明した D-FF は立ち上がりエッジ動作型とよばれるものである．クロックの立ち下がりで記憶する，立ち下がりエッジ動作型とよばれるものもあるが，記憶のタイミングがクロック信号の立ち下がりであることが違うだけである．

4.1　クロック信号とフリップフロップ

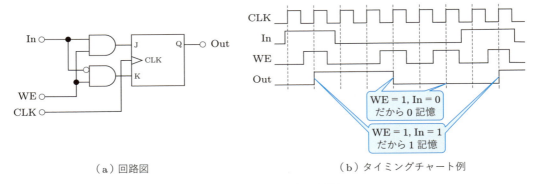

（a）回路図　　　　　　　　　（b）タイミングチャート例

図 4.7　JK-FF に入力制御を追加

力も J = 0，K = 0 となり，記憶内容が更新されない．一方で，WE = 1 のときは，J = 0，K = 1 もしくは J = 1，K = 0 となるから，CLK 立ち上がり時点での In の値がフリップフロップに記憶される．すなわち，WE によって記憶の更新を制御できるようになっている．図 4.7(b) に動作例のタイミングチャートを示す．

4.2　レジスタ

1.7 節で見たように，コンピュータでは，同時に複数の論理値（ビット）をまとめて扱うことが多い．レジスタとは，そのような複数の論理値を一時的に記憶する回路である．複数のフリップフロップを使えば，共通のクロック信号を与えて複数のビットを簡単に扱うことができるから，レジスタは複数のフリップフロップで構成される．まず，D-FF を複数使ったレジスタから見ていこう．

4.2.1　D-FF を使ったレジスタ

図 4.8(a) は，4 個の D-FF に共通のクロック信号を与えて，4 ビットを同時に記憶できる回路とした例である．このようなレジスタを 4 ビットレジスタという．同図 (b) は，同図 (a) の回路の入力 D_0 から D_3 に入力信号を与えたときのタイミングチャート例である．入力 D_0 は 1 番上の D-FF の入力となっており，記憶した値が Q_0 として出力される．そのため，タイミングチャートでも，クロック信号の各立ち上がりで D_0 を取り込んだ値が Q_0 に出力されていることに注意してほしい．$D_3 \rightarrow Q_3$，$D_2 \rightarrow Q_2$，$D_1 \rightarrow Q_1$ もそれぞれ同じ関係になっている．

レジスタ内の各ビットをばらばらに扱うことは少なく，ひとまとまりの値がどのタイミングで更新されるのかがわかれば十分なことが多い．そのような場合，図 3.11 のマルチプレクサと同じように，複数の D-FF をまとめて図 4.9(a) のように表すことができる．

また，複数ビットの入出力を図 4.8(b) のタイミングチャートのように表すと，図のサイズは大きくなり，一目見て動作を把握することも難しい．そこで，同期回路ではほとんどすべての信号がクロック信号に同期して変化することを利用して，図 4.9(b) のように，信号線をまとめてタイミングチャートを書くことがある．D と Q のタイミングチャートでは，信号波形が X 形に

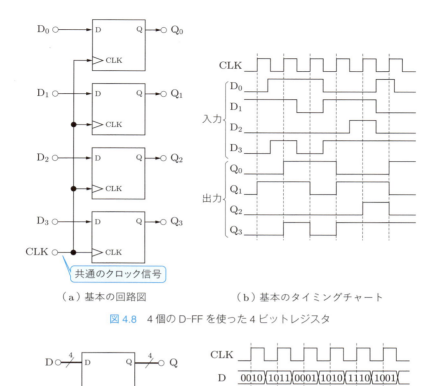

（a）基本の回路図　　　　　　（b）基本のタイミングチャート

図 4.8　4個の D-FF を使った4ビットレジスタ

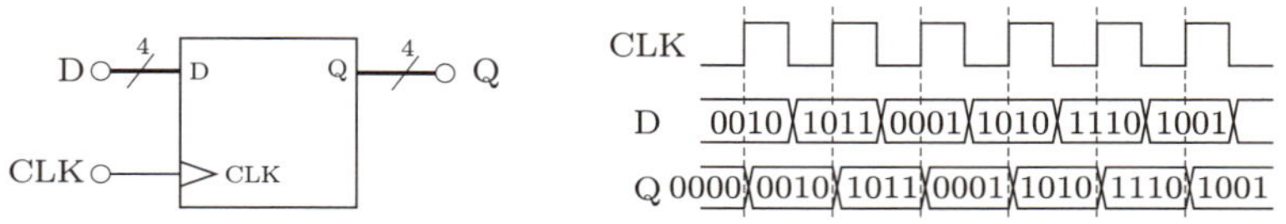

（a）バス信号でまとめた回路図　　　　（b）まとめたタイミングチャート
　　　　　　　　　　　　　　　　　　　　（それぞれ D_3, Q_3 が MSB）

図 4.9　バス信号でまとめた図

なっているところがある．実際にこの形に信号が変化するわけではなく，これは信号が変化するタイミングを示している．この表記方法は，タイミングチャートが X 形となる時点から，次に X 形となる時点までの間に信号が変化せず，一定の値に保たれることを前提にしている．同期回路ではこの前提が満たされる．信号が一定の値を保つ区間では，複数ビットの値を数値で表記する[*]．図 4.8(b) と図 4.9(b) はまったく同じ信号を表現している．よく見比べて，対応関係を確認してほしい．

4.2.2　JK-FF を使ったレジスタ

D-FF の場合と同様に，入力制御を追加した JK-FF を使った複数ビットでレジスタを構成することができる．図 4.10(a) は，4個の JK-FF を使って4ビットレジスタを構成する例である．レジスタ部分には，入力制御付き JK-FF を4個使っているので，WE 信号が1のとき，CLK 信号の立ち上がりのタイミングで4ビットの入力 $D_3D_2D_1D_0$ を同時に記憶する．

このレジスタは，WE が0のときは値を更新せず，以前記憶していた値をそのまま保持する

---

[*] ここでは2進表記としているが，10進表記，16進表記などを使ってもよい．

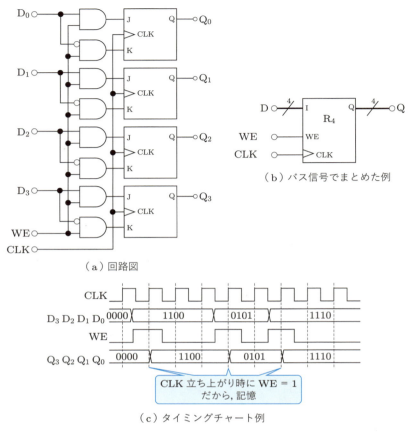

図 4.10 入力制御付き JK-FF を用いた 4 ビットレジスタ

ので，必要なときに必要な値を記憶させられて便利である．

また複数ビットの信号線をバス信号としてまとめて，図 4.10(b) のように表すこともできる．この場合のタイミングチャートを同図(c)に示す．CLK の立ち上がり時に WE = 0 の場合は，JK-FF が記憶している値が変わらないから Q の値が変わらない．一方，CLK の立ち上がり時に WE = 1 の場合は，JK-FF が D の値を記憶し，Q の値が更新される．

4.3 ▶ 同期回路の構成

D-FF や JK-FF の CLK 入力にクロック信号を与えると，フリップフロップの記憶している値がクロック信号に同期して変わる．これを利用して作られる回路が同期回路である．同期回路のもっともシンプルな例であるシフトレジスタから見ていこう．

4.3.1 シフトレジスタ

シフトレジスタは，複数の D-FF の入出力をじかに接続し，共通のクロック信号を与えた回

路である．

図 4.11 に，4 個の D-FF から構成したシフトレジスタの例を示す*．すべての D-FF に共通のクロック信号 CLK が接続されているから，すべての D-FF が一つの CLK 信号の立ち上がりに合わせて，すなわち CLK 信号に同期して，その瞬間の入力の値を記憶する．

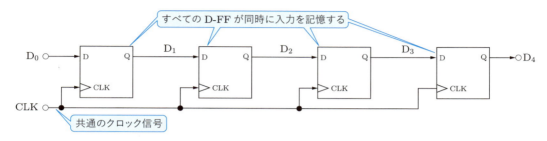

図 4.11 シフトレジスタ

タイミングチャートの例を図 4.12(a)に示すが，基本に忠実に変化の「きっかけ」を明示して書くと，矢印が邪魔になり，とても見にくくなってしまう．同期回路ではクロック信号に合わせて信号が変わるのが原則であるから，見やすさを優先して，同図(b)のように「きっかけ」の矢印を明示しないことが多い．ただしタイミングチャートを見るとき，矢印が省略されていても，D-FF の出力がクロック信号に同期して変わることを意識することが重要である．

図 4.12(b)からわかるように，各 D-FF はクロック信号の立ち上がりに同期して，自身への入力を記憶する．そのため，D-FF を一段通過するごとに，1 クロックサイクルずつ遅れた信号が

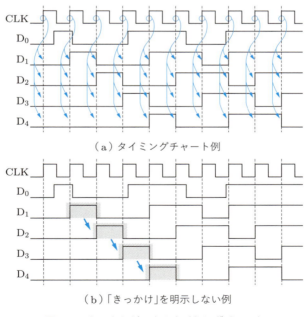

(a) タイミングチャート例

(b)「きっかけ」を明示しない例

図 4.12 シフトレジスタのタイミングチャート

＊ この図では，D-FF の出力 $\overline{Q}$ の記載を省略している．このように，使用しない出力はたびたび省略される．

4.3 同期回路の構成　43

生成される．

このシフトレジスタに代表されるような，クロック信号に同期して動作する回路が同期回路である．

4.3.2 複数ビットのシフトレジスタ

前項では，1 ビットを記憶する D-FF を並べたシフトレジスタを紹介した．同じようにして，4.2.1 項で見た複数ビットを記憶するレジスタを並べて，複数ビットのシフトレジスタを作ることができる．

図 4.13 に，4 ビットのシフトレジスタを示す．また図 4.14 は，そのタイミングチャートの例である．シフトレジスタとして，クロック信号のそれぞれの立ち上がりで，4 ビットの信号が次段のレジスタに取り込まれていることがわかる．

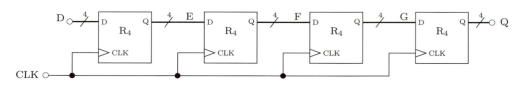

図 4.13　4 ビットレジスタを 4 個使ったシフトレジスタ

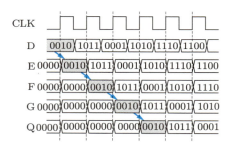

図 4.14　4 ビットシフトレジスタのタイミングチャート例

4.3.3 同期回路の例

クロック信号に同期して値が変わるフリップフロップと，それ以外の組み合わせ論理回路を合わせて，より複雑な機能を備えた同期回路が作られる．

図 4.15 は同期回路の一般形である．同期回路は，一つのクロック信号に同期したフリップフ

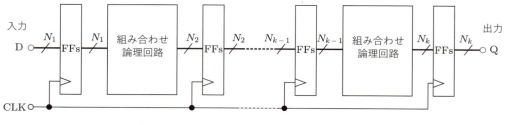

図 4.15　同期回路の一般形

ロップ（FlipFlops；図中では略して FFs と表記）と，それらの間に置かれた組み合わせ論理回路から構成される．前項までに見てきたように，フリップフロップは，クロック信号の立ち上がりのタイミングで入力値を記憶する．その値は，組み合わせ論理回路を通過して，次段のフリップフロップの入力となる．そして，次のクロック信号の立ち上がりで，次段のフリップフロップにその値は記憶される．このようにして，図では $(k-1)$ 個の組み合わせ論理回路が，フリップフロップを介して順番に接続されている．

　同期回路では，組み合わせ論理回路がフリップフロップによりそれぞれ分離されている．そのため，各論理回路の設計を独立して行うことができる．さらに，これらの独立した論理回路は比較的簡単な真理値表によって記述できるから，全体の設計も容易になる．

　図 4.16 に，簡単な同期回路の例を示す．この回路は，2 組の 4 ビット入力 A，B を 4 ビットレジスタ（図中では R_4 と表記）で受け取り，次段の 4 ビットレジスタまでの区間に 4 個の AND ゲートを置くことで，ビット毎 AND 演算を行うものである．

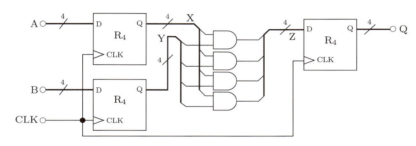

図 4.16　同期回路の例 1（ビット毎 AND を演算）

　図 4.17 は，この回路のタイミングチャートの例である．入力 A は，クロック信号の各立ち上がりのタイミングで R_4 により記憶され，内部信号 X となる．同様に，入力 B も内部信号 Y となる．X と Y の各ビットが 1 ビットずつに分離され，AND ゲートの入力となる．AND ゲートは単なる組み合わせ論理回路だから，X, Y のビットごとの AND 演算結果は，次のクロック立ち上がりを待つことなくすぐに内部信号 Z となることに注意しよう．内部信号 Z は，出力側の R_4 によりクロックの立ち上がり時に記憶され，それが出力 Q となる．

　次に**図 4.18** は，加算を行う同期回路の例である．先ほどの例と同じく，入力側は 2 組の 4 ビッ

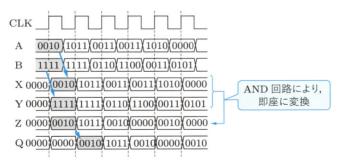

図 4.17　同期回路の例 1 のタイミングチャート例

4.3　同期回路の構成　　45

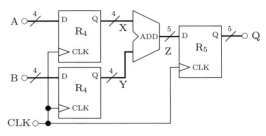

図 4.18　同期回路の例 2

ト信号である．内部信号 X, Y は，4 ビット加算器（図中では ADD と表記）に入力され，加算器の出力は最上位の繰り上がり桁を含む 5 ビットとなっている．この 5 ビットを出力側の R_5 が記憶し，出力 Q となる．

図 4.19 は，この回路のタイミングチャートの例である．AND 演算の回路のときと同じように，ADD（加算器）は組み合わせ論理回路であるから，X, Y の加算結果がクロックの立ち上がりを待たないことに注意しよう．加算結果 Z は 5 ビットの信号となっており，出力側の R_5 によりクロックの立ち上がり時に記憶され，出力 Q となっている．したがって，Q も 5 ビットの信号である．

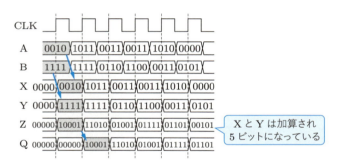

図 4.19　同期回路の例 2 のタイミングチャート例

続いて図 4.20 は，マルチプレクサを使う例である．2 組の入力 A, B のほかに，制御入力 S が用意されている．S も独立した D-FF に取り込まれ，内部信号 S' になっている．4 ビットマルチ

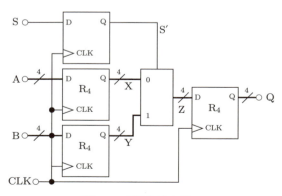

図 4.20　同期回路の例 3

プレクサが，内部信号 X，Y のうち S' で指定されたほうの信号を選択して，内部信号 Z とする．Z は出力側の R_4 により取り込まれ，出力 Q となる．マルチプレクサも組み合わせ論理回路であるから，クロック信号とは無関係に，現在の入力 X，Y を現在の制御入力 S' によって振り分けていることに注意しよう．

図 4.21 は，この回路のタイミングチャートの例である．S，A，B が CLK の立ち上がりで D-FF と R_4 に記憶される．D-FF の出力 S' によって選ばれる X と Y のいずれかが，CLK の立ち上がりで R_4 に記憶され，出力 Q となる．

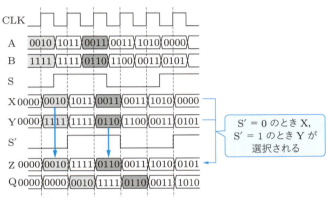

図 4.21　同期回路の例 3 のタイミングチャート例

4.4 ▶ 状態機械

同期回路の考え方を用いて作られる重要な回路の一つに，状態機械（ステートマシン）がある．図 4.22 に，代表的な状態機械の構成を示す．状態機械は，N ビットのレジスタ R_N と組み合わせ論理回路からなる．N ビットのレジスタはクロック信号に同期して，組み合わせ論理回路の出力を記憶する．組み合わせ論理回路は，現在のレジスタ値と外部からの入力信号 In から，次にレジスタが記憶する値を生成する．これによって，現在の状態（ステート）と外部入力によって次になすべきことを「判断」し，次の状態に移り変わる動作をする．これを状態遷移という．

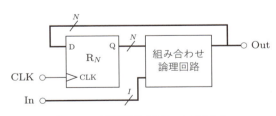

図 4.22　状態機械（ステートマシン）

まず，もっとも簡単な例として，図 4.23(a) に示したような 1 ビットカウンタを見てみよう．これは，図 4.22 のレジスタが 1 ビット，組み合わせ論理回路が NOT ゲート 1 個になっている場合に相当する．図中の信号 A が 1 ビットレジスタ（D-FF）の記憶している値になっており，

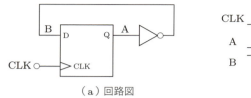
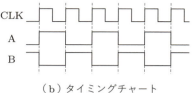

(a) 回路図　　　　　　　　　(b) タイミングチャート

図 4.23　1 ビットカウンタ

これをビット反転した値（信号 B）がレジスタに入力されている．したがって，クロック信号の各立ち上がりで，レジスタが直前まで記憶していた値を反転したものを記憶することになる．

この動作をタイミングチャートとして示すと，図 4.23(b) のとおりである．この回路には外部入力はないが，現在の状態（0 または 1）に対して反転した値をつねに次の状態として，状態遷移していく．

同様にして，ビット数を増やしたカウンタを作ることができる．3 ビットカウンタの例を図 4.24(a) に示す．この回路は，3 ビットレジスタ R_3 と組み合わせ回路からなっている．この組み合わせ論理回路は 3 入力 3 出力であり，同図 (b) の真理値表に示すように，2 進数の入力 A に対して，2 進数の出力 B がつねに 1 ずつ大きくなるように作られている．したがって，この回路はクロック信号の各立ち上がりで，レジスタが直前まで記憶していた値より 2 進数で 1 ずつ大きな値を記憶する．これにより，入力されたクロックパルスの個数を数える（カウントする）ことになるから，「カウンタ」とよばれるのである．

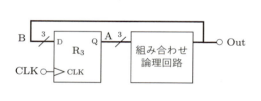

A_2	A_1	A_0	B_2	B_1	B_0
0	0	0	0	0	1
0	0	1	0	1	0
0	1	0	0	1	1
0	1	1	1	0	0
1	0	0	1	0	1
1	0	1	1	1	0
1	1	0	1	1	1
1	1	1	0	0	0

(a) 回路図　　　　　　　　　(b) 組み合わせ論理回路の真理値表

図 4.24　3 ビットカウンタ

図 4.25 は，3 ビットカウンタのタイミングチャートである．クロックパルスが到着するたびに，レジスタが記憶している値（信号 A）が，000 → 001 → 010 → 011 → 100 → …（10 進表記では

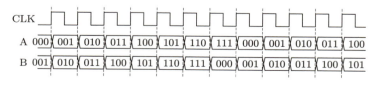

図 4.25　3 ビットカウンタのタイミングチャート

$0 \to 1 \to 2 \to 3 \to 4 \to \cdots$）とカウントアップしていくのがわかるだろう．

▶ 演習問題

4.1 図 4.26 の D-FF のタイミングチャートを完成させよ．ただし，開始時は Q = 0 とする．

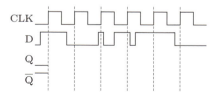

図 4.26　D-FF のタイミングチャート演習

4.2 図 4.27 の JK-FF のタイミングチャートを完成させよ．ただし，開始時は Q = 0 とする．

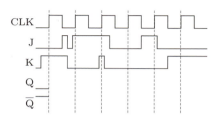

図 4.27　JK-FF のタイミングチャート演習

4.3 図 4.8(a) の回路に，図 4.28 の入力を与えたときのタイミングチャートを完成させよ．ただし，開始時は $(Q_3, Q_2, Q_1, Q_0) = (0, 0, 0, 0)$ とする．

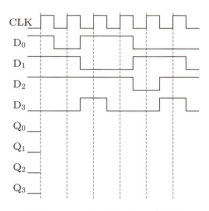

図 4.28　4 ビットレジスタ演習

4.4 図 4.10 (a) の 4 ビットレジスタに，図 4.29 の入力を与えたときのタイミングチャートを完成させよ．

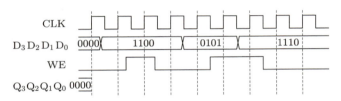

図 4.29　入力制御付き 4 ビットレジスタの演習

4.5 図 4.11 の回路に，図 4.30 の入力 D_0 を与えたときのタイミングチャートを完成させよ．ただし，開始時は $(D_4, D_3, D_2, D_1) = (0, 0, 0, 0)$ とする．

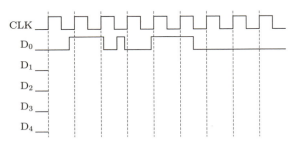

図 4.30　1 ビットシフトレジスタ演習

4.6 図 4.13 の回路に，図 4.31 の入力を与えたときのタイミングチャートを完成させよ．ただし，開始時は $E = F = G = Q = (0, 0, 0, 0)$ とする．

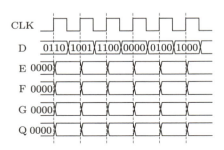

図 4.31　4 ビットシフトレジスタ演習

4.7 図 4.32(a)の回路に，同図(b)の入力が与えられたときのタイミングチャートを完成させよ．

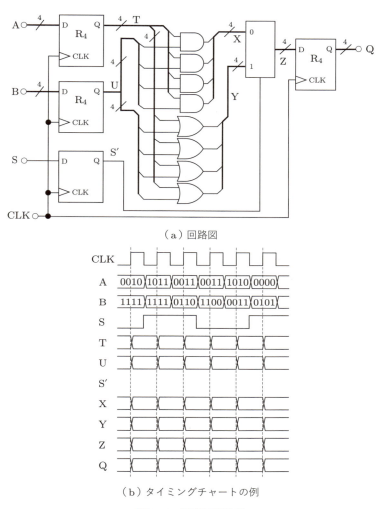

(a) 回路図

(b) タイミングチャートの例

図 4.32　同期回路演習

CHAPTER 5 コンピュータの構成と命令実行

　第1章で学んだように，現在広く用いられているコンピュータは，プロセッサ，メモリ，および入出力装置からなる．プロセッサは全体の制御と処理，メモリは記憶，入出力装置は外部との情報の入出力をそれぞれ担当する．メモリにはプログラムが置かれている．そのプログラムは，命令とよばれる小さな処理単位が並んだものであり，プロセッサがその命令を1個ずつ順番に処理していく．
　本章では，プロセッサとメモリのハードウェア構成と，命令実行の流れを詳しく見ていくことにしよう．

5.1 プロセッサのハードウェア構成

　プロセッサは，「処理」を担当するハードウェアである[*]．ここでの「処理」には，データどうしの演算のほか，その演算をするために必要なデータの移動や，コンピュータ全体の制御が含まれる．
　コンピュータ内で処理を担当するプロセッサと，記憶を担当するメモリを抜き出し，プロセッサ内部をより詳細なブロック図としたものを図 5.1 に示す．一般に，プロセッサは制御部，ALU（算術論理演算器），レジスタファイルからなる．

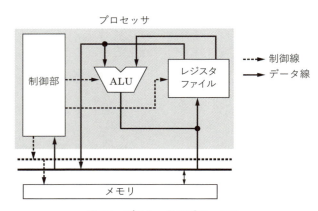

図 5.1　プロセッサのブロック図

　制御部は，メモリからプログラムを受け取り，制御線を使ってプログラムどおりにプロセッサやコンピュータ全体を動かす部分である．主として，4.4 節で学んだ状態機械により構成される．
　ALU は，3.3 節で学んだように，加減算や論理演算を行う組み合わせ論理回路である．演算に

---

[*] 本書とは異なり，コンピュータを制御，演算，主記憶，入力，出力の「五大装置」からなると説明することがある．この場合，プロセッサは「制御」と「演算」を担当するハードウェアとなる．本文で述べている「処理」は，「コンピュータ全体の制御」と演算を含む概念である．

用いるデータは，レジスタファイルから供給され，演算結果もレジスタファイルに書き込まれる．

レジスタファイルは，ALU が演算に使用するデータを格納する部分である．メモリも記憶デバイスであるが，メモリはデータの供給速度に限界がある．そのため，プロセッサが十分な処理能力を発揮させるために，高速な記憶デバイスである**レジスタ**をプロセッサ内部に用意している．レジスタファイルは，多くのレジスタをまとめて，制御部からの指示に応じた入出力制御ができるようにしたものである．レジスタファイルに含まれているレジスタを汎用レジスタという．

図中，破線で表されている信号線は，制御部からほかの各部に制御情報を伝える制御線である．また，実線で表されている信号線は，データの受け渡しに使われるデータ線である．図 3.16 の ALU を例にとると，行う演算を指定するための sub, op1, op2, carry の信号線が制御線であり，演算データの受け渡しに使われる $X_0 \sim X_{n-1}$, $Y_0 \sim Y_{n-1}$, $Z_0 \sim Z_{n-1}$, C_{n-1} の信号線がデータ線に分類される．

▍5.1.1　レジスタファイルの構成

図 5.2 は，レジスタファイルの例である．このレジスタファイルには，外部との情報のやりとりのために，表 5.1 で示した信号線が接続されている．

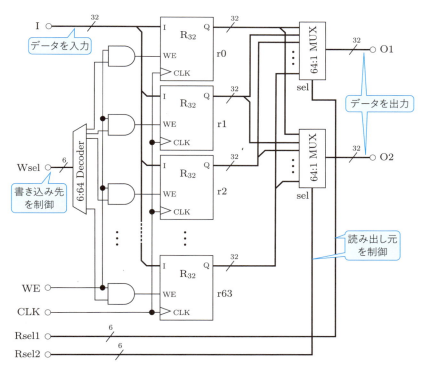

図 5.2　32 ビットレジスタ 64 本からなるレジスタファイルの例

このレジスタファイルには，r0 から r63 の 64 本のレジスタが組み込まれており，各レジスタには 32 ビットの値が格納される．R_{32} と書かれているのは，一つのレジスタに 32 ビットの値を保持できるという意味である．

5.1　プロセッサのハードウェア構成　53

表 5.1 レジスタファイルの信号線

信号線	役割
I	データ入力線（32 ビットのバス信号）.
O1, O2	データ出力線（32 ビットのバス信号）.
Wsel	制御線（6 ビットのバス信号）. I の書き込み先レジスタを指定.
Rsel1	制御線（6 ビットのバス信号）. O1 の読み出し元レジスタを指定.
Rsel2	制御線（6 ビットのバス信号）. O2 の読み出し元レジスタを指定.
WE	制御線（1 ビット）. 書き込みタイミングの制御.
CLK	制御線（1 ビット）. クロック信号.

レジスタに書き込む値はデータ入力線 I から送られるが，I は 64 本すべてのレジスタが共有しているから，書き込み先のレジスタ番号を指定するための制御線 Wsel が用意されている．Wsel は 6 ビットの信号線であるから，0（$= (000000)_2$）から 63（$= (111111)_2$）までの値を表すことができ，それぞれが r0 から r63 に対応する．

Wsel が接続されている '6：64 Decoder' は，次項で詳しく説明するアドレスデコーダというハードウェアである．これは，64 本ある出力線のうち，6 ビットの Wsel で指定される 1 本だけが 1，それ以外は 0 を出力するような組み合わせ論理回路である．各レジスタの WE には，このアドレスデコーダの出力と外部からの制御線 WE との AND がわたるため，一度の入力ごとにいずれか一つのレジスタだけが選択され，そのレジスタに書き込みが行われる．

レジスタに書き込まれた値の読み出しは，データ出力線 O1 および O2 を通して行われる．図 5.1 にあるように，レジスタから読み出された値は ALU が使用するため，その入力となる 2 個の値が同時に必要となる．したがって，レジスタファイルには 2 個の値を同時に供給することが求められる．これを実現するため，2 系統（O1, O2）の出力線が用意されている．O1 と O2 に値を出力するのは，それぞれ 64 入力 1 出力のマルチプレクサ（図中では '64:1 MUX' と表記）である．

各マルチプレクサの sel 入力には，各 6 ビットの制御線 Rsel1, Rsel2 が接続されており，O1, O2 に値を出力するレジスタの番号を指定する．

5.1.2 アドレスデコーダ

アドレスデコーダは，N ビット入力，2^N ビット出力の組み合わせ論理回路で，N ビットの入力で指示された出力線 1 ビットだけが 1，ほかの信号線はすべて 0 を出力するものである．

図 5.3 に，3：8 アドレスデコーダの例を示す．同図(a)が真理値表であり，すべての出力線 Q_0 から Q_7 について，出力が 1 になる入力が 1 通りだけ存在し，そのときの入力値を 10 進表記した値と，Q の添え字が一致していることがわかる．また，この真理値表をそのまま回路図にしたものが，同図(b)である．

図 5.2 のレジスタファイルでは，6 ビットの Wsel から 64 個のレジスタの WE への入力 64 本を生み出すために，6 入力 64 出力アドレスデコーダが使われている．

54　第 5 章　コンピュータの構成と命令実行

X_2	X_1	X_0	Q_7	Q_6	Q_5	Q_4	Q_3	Q_2	Q_1	Q_0
0	0	0	0	0	0	0	0	0	0	1
0	0	1	0	0	0	0	0	0	1	0
0	1	0	0	0	0	0	0	1	0	0
0	1	1	0	0	0	0	1	0	0	0
1	0	0	0	0	0	1	0	0	0	0
1	0	1	0	0	1	0	0	0	0	0
1	1	0	0	1	0	0	0	0	0	0
1	1	1	1	0	0	0	0	0	0	0

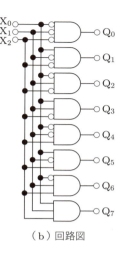

（a）真理値表　　　　　　　　（b）回路図

図 5.3　3：8 アドレスデコーダの例

5.2　メモリ

1.4 節で解説したメモリの構成について，さらに詳しく見てみよう．

図 5.4 にメモリのハードウェア構成例を示す．このように，図 1.16 に示したメモリの構成に対して，データの入出力や制御のための要素が追加されている．データの入出力に用いる Data（データ線）のほかに，制御線として，Addr（アドレス線），CS（Chip Select の略），R/$\overline{\text{W}}$ の信号線が接続されている．

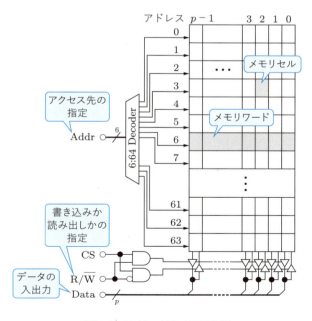

図 5.4　64 ワードのメモリの例

メモリの内部には，メモリセルとよばれる1ビットの記憶素子が多数並んでいる．記憶を管理する都合から，多くの場合，複数のメモリセルをひとまとまりとして扱い，そのひとまとまりのことをメモリワードとよぶ．図5.4では，pビットのメモリセルをメモリワードとしている．また，一つひとつのメモリワードを区別するために番号が付けられ，その番号をアドレス（番地）という．通常，ソフトウェアからメモリを参照する場合，メモリワード長を1バイト（＝8ビット）としたときのアドレスをメモリアドレスとして用いるが，ハードウェアとしてのメモリワードのアドレスとは一般に一致しない．このため，ハードウェアとしてのメモリワードを単位にしたアドレスを「ワードアドレス」とよんで区別することがある．

メモリへのアクセス（読み出しおよび書き込み）は，外部からAddrによってアクセスするメモリワードを指定し，R/$\overline{\text{W}}$により読み出し（R）か書き込み（W）かを指定する．R/$\overline{\text{W}}$のWの上に線が引いてあるのは，R/$\overline{\text{W}}$が1のときR，0のときWの動作をさせるという意味である*．Addrには，アドレスデコーダが接続されているから，与えられたワードアドレスから一つのメモリワードを選択できる．

CSは，このメモリデバイスを使うかどうかを指定する信号線である．一般に，複数のメモリデバイスがバスにつながれるため，どのデバイスを選択するのかを決めるためにこの信号が使われる．

R/$\overline{\text{W}}$とCSからANDゲートの組によって内部信号が生成され，3ステートバッファの動作が制御される．CS = 0のとき，二つのANDゲートの出力はいずれも0になるから，メモリの入出力につながれている3ステートバッファの出力はすべてHi-Zとなり，このメモリはData線から切り離された状態となる．一方で，CS = 1のときは，R/$\overline{\text{W}}$が0か1かに応じて，二つのANDゲートの出力どちらか片方だけが1となる．したがって，R/$\overline{\text{W}}$ = 1のときは，下向きの3ステートバッファだけが信号を通す状態（メモリとしては読み出し動作）となり，R/$\overline{\text{W}}$ = 0のときは，上向きの3ステートバッファだけが信号を通す状態（メモリとしては書き込み動作）となる．このようにして，メモリの読み出し，書き込み，およびData線からの切り離しの3種類の動作を実現することができる．

▌5.2.1 メモリセルの構成

図5.4では，長方形として表現されていたメモリセルの構成を見てみよう．代表的なメモリセルの構成方式として，SRAMセルとDRAMセルの2種類がある．これらの構成を**図5.5**に示す．

同図(a)のSRAM（Static RAM）セルは，中央にある2個のNOTゲートが値を記憶する．図のように循環する形でNOTゲートを接続すると，ゲートの左右の値が図5.6のように1, 0，もしくは0, 1となり安定するから，記憶機能をもたせることができる．NOTゲートの左右にあるスイッチは，このメモリセルに読み書きをするときにオンとなる．このスイッチを制御する信号線はWL（ワード線）とよばれ，図5.4のアドレスデコーダからの出力により駆動される．

読み出しの場合はWL = 1として，BL（ビット線）および$\overline{\text{BL}}$の値を読み取る．BL = 1，

---

* R/W#のように，上に線を書くかわりに#を添える表記もよく使われる．

56　第5章　コンピュータの構成と命令実行

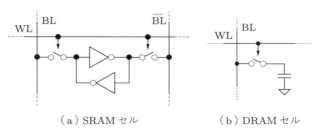

(a) SRAMセル　　（b) DRAMセル

図 5.5　メモリセルの構成

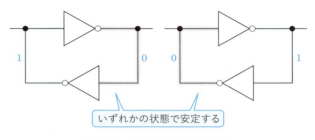

図 5.6　SRAMセルの記憶方法

$\overline{\text{BL}} = 0$ なら値 1，BL $= 0$，$\overline{\text{BL}} = 1$ なら値 0 をそれぞれ意味する．書き込みの場合は，逆に外部から BL および $\overline{\text{BL}}$ に値をセットしてから，WL $= 1$ として強制的に NOT ゲートの状態を外部から決定する．

図 5.5(b) の DRAM（Dynamic RAM）セルは，コンデンサが値を記憶する．コンデンサに電荷がたまっているときが値 1，コンデンサに電荷がないときが値 0 である．SRAM の場合と同様に，WL $= 1$ とすることで BL 経由で読み出しや書き込みを行う．

図 5.5(a) と同図 (b) を比べてすぐ気付くように，DRAM セルのほうが構成が簡単である．これは，DRAM のほうが限られたハードウェア量で記憶密度を高められるということである．一方，DRAM は記憶を保持するためにコンデンサにためられた電荷を使っているが，この電荷は時間経過とともに抜けていってしまう．そのため記憶が失なわれてしまわないように，周期的に記憶しなおす必要がある（これをリフレッシュという）．SRAM は電源が供給されている限り，記憶が失われてしまうことはないので，リフレッシュの必要がないかわり，記憶密度の点で DRAM よりも劣っている．

以上のように，SRAM セルと DRAM セルにはそれぞれ長所，短所があるが，コンピュータのメモリにはまず大きな記憶容量が求められるため，DRAM セルが広く使われる．SRAM セルは，容量よりも高速性が求められるキャッシュメモリに使われる．詳細は第 8 章で解説する．

5.3　命令実行ステージ

前節まででコンピュータの処理の実行に関わるハードウェア要素の紹介が終わったので，ここからはコンピュータの動作について見ていこう．コンピュータの動作を取りしきるのは，プロセッサの制御部である．図 5.7 に示すように，制御部は，命令デコーダを含む制御ロジックと，PC（プ

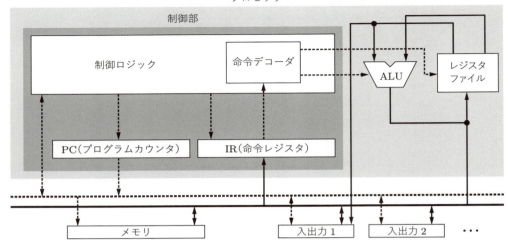

図 5.7　制御部を詳細に示したブロック図

ログラムカウンタ）および IR（命令レジスタ）からなる．PC と IR は，コンピュータ全体を制御してプログラムを実行するにあたって，極めて重要な役割を果たす．

プロセッサは，メモリに置かれたプログラムを読みながら，プログラムに書かれたとおりの処理を行っていく．このとき，プログラム全体を一気に読んで処理を行うのではなく，次の四つの手順を順番に繰り返すことにより行われる．この四つの手順を，それぞれ命令実行ステージというのだった．1.5 節で示した命令実行の各ステージの内容を，改めてここでも掲載しておこう．

> **四つの命令実行ステージ**
> 1. **命令フェッチ**：メモリから，プログラムの断片を 1 個読み出し，命令レジスタに格納する．
> 2. **命令デコード**：命令レジスタ内の命令がどんな処理を行うものなのか，命令デコーダが解釈する．
> 3. **実行**：ALU や制御部内の制御ロジックにより，その命令により行われるべき処理を実行する．
> 4. **書き戻し**：実行ステージの結果をレジスタファイルに書き込む．

続いて，各ステージの働きを詳しく見ていこう．

命令フェッチステージ（図 5.8）では，メモリからプログラムの断片を読み出し，それを IR に格納する．このときに読み出されるプログラム断片 1 個のことを命令という．読み出される命令は，もちろんメモリ上の「どこか」に置かれている．この「どこか」を指定するのが PC である．PC には，次に取得する命令のメモリアドレスを置いておき，命令を取得するときに使用する．PC で指示されるメモリアドレスから命令を取得し，IR に格納することを命令フェッチという．

命令デコードステージ（図 5.9）では，IR に格納された命令を命令デコーダが解釈し，

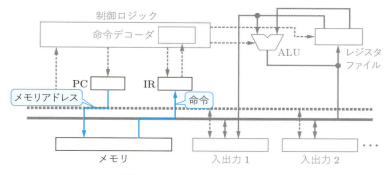

図 5.8　命令フェッチステージ

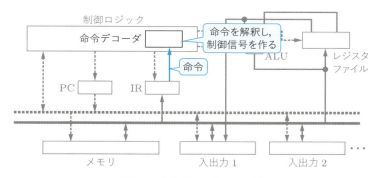

図 5.9　命令デコードステージ

ALU，レジスタファイル，メモリや入出力への制御信号を生成する．生成された制御信号は，後のステージで使われるので，制御部内のレジスタに記憶しておく．また，多くのプロセッサでは，命令デコードと平行して，直後の実行ステージで使用するデータをレジスタファイルから取り出しておく．これをオペランドフェッチという．

実行ステージ（**図 5.10**）では，命令デコードステージまでに準備した制御信号を使って，プロセッサ内部や，メモリ，入出力装置を制御して，その命令で実行するべき処理を行う．この処理は個々の命令によって異なるため，実行ステージで行われる処理はさまざまである．

書き戻しステージ（**図 5.11**）では，ALU からの演算結果や，メモリ，入出力装置からの出力をレジスタファイルに書き込む．さらに，次の命令をフェッチできるように，PC の値を更新する．

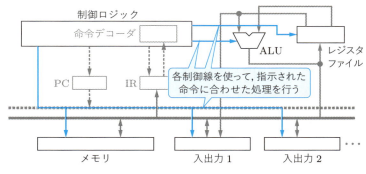

図 5.10　実行ステージ

5.3　命令実行ステージ　59

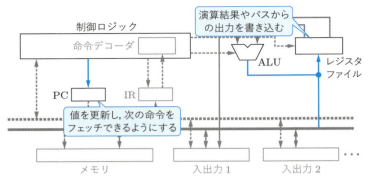

図 5.11　書き戻しステージ

PC の保持している値は今，実行が終わった命令の入っていたメモリアドレスであるから，それを次に実行する命令の入っているメモリアドレスに置き換えることになる．

　これら，命令実行の 4 ステージをひととおりこなすと，ようやく命令 1 個分の処理が完了する．一つのプログラムは膨大な数の命令から構成されるから，プロセッサは一つひとつの命令を極めて短い時間で処理しなければならない．

5.4　命令実行ハードウェアの例

　コンピュータによるプログラム実行について理解するために，簡単な命令実行ハードウェアの例とその動作を見ていこう．

　図 5.12 に，ここで用いるハードウェアの例を示す．このハードウェアでは，命令だけを保持するメモリ（命令メモリという）を使っており，メモリへのデータの読み書きはできない[*]．また，命令フェッチに使う PC と IR，演算に使う ALU，ならびにレジスタファイルをもっている．PC に付属している加算器（+）は，書き戻しステージにおいて，PC の値を更新するためのものである．

5.4.1　命令フォーマット

　第 2 章で説明したように，コンピュータが扱えるデータは，2 進数で表されたものだけであった．そのため，命令もまた，0 と 1 の組み合わせのみで表現されなければならない．この表現の形式を定めるものを，命令フォーマットという（詳細は 6.4 節で解説する）．図 5.13(a) に，図 5.12 のハードウェアが扱う命令フォーマットを示す．

　図 5.13(a) のように，ここでの命令フォーマットは 8 ビットの命令が 2 ビットずつ，四つのフィールドに分けられており，それぞれ，命令の種類（op），操作の対象（s1, s2），結果の書き込み先（d）の指定に用いる．

　一般に，プロセッサで使える命令すべての集合のことを命令セットという．ここでは，同図(b)

---

[*] 書き込みができないため実用性は皆無であり，命令実行の流れを知ることが目的である．より実践的なハードウェアは，第 7 章で学ぶ．

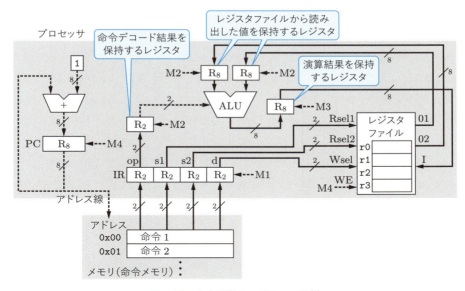

図 5.12　命令実行ハードウェアの例

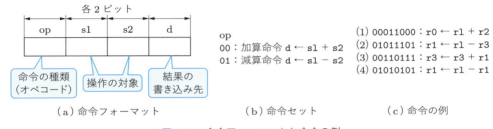

図 5.13　命令フォーマットと命令の例

の 2 種類の命令だけからなる命令セットを使うことにする．op が 00 のときが加算命令，01 のときは減算命令になるということである．

また，命令フォーマットの残りの部分の s1, s2, および d は，操作の対象と書き込み先を指示する部分である．ここでは，すべてレジスタ番号で指定することにする．加算命令であれば，s1, s2 のレジスタ番号のレジスタに入っている値どうしを加算し，その演算結果を d のレジスタ番号で指示されるレジスタに書き込むということである．

同図(c)に，この命令セットの命令の例を示す．命令(1)は，op = 00, s1 = 01, s2 = 10, d = 00 であるから，加算命令（op = 00）で，加算操作の対象がレジスタ 1 番（r1）と 2 番（r2），書き込み先がレジスタ 0 番（r0）という命令である．命令(2)は，op = 01, s1 = 01, s2 = 11, d = 01 であるから，減算命令（op = 01）で，減算操作の対象が r1 と r3，書き込み先が r1 という命令である．同様に，命令(3), (4)についても読み解いてみてほしい．

命令セットには，加算と減算の 2 種類の命令しか含まれていない．そのため，図 5.12 では，op をそのまま ALU への制御信号として使うことにし，命令デコーダのハードウェアを省略している（「命令デコード結果を保持するレジスタ」が op をそのまま受け取っている）．実用的なプロセッサでは，IR とこの R_2 に相当するレジスタの間に命令デコーダが置かれる．

5.4　命令実行ハードウェアの例　　61

5.4.2 レジスタ

本章で扱うハードウェア例のレジスタファイルは，図 5.12 のように，r0, r1, r2, r3 で示された 4 本の 8 ビットレジスタをもつ．これは図 5.2 において，8 ビットのレジスタが 4 本となったような構成である．5.1 節で解説したように，Rsel1, Rsel2 が読み出し元のレジスタ値を指定し，Wsel が書き込み先のレジスタ値を指定する．図 5.12 では，IR の s1, s2 が Rsel1, Rsel2 に直結しており，読み出し元となるレジスタ値を決定する．同様に，IR の d が Wsel に結ばれ，書き込み先の指定に使われる．

また，レジスタファイル内にあるものとは別に，図 5.12 には複数のレジスタが組み込まれている．図中では R_2, R_8 と表されており，いずれも図 4.10(a) で示したような構成をもつ．R_2, R_8 の添え字は，レジスタ内の JK-FF の数を表している．

ハードウェアがもつ各レジスタには，制御入力 WE として M1, M2, M3, M4 が与えられている．これらの各制御入力を受けるレジスタの役割は，以下のとおりである．

- M1：命令フェッチしたデータの保持
- M2：命令デコード結果，およびレジスタファイルから読み出した値の保持
- M3：演算結果の保持
- M4：レジスタファイル内の値の保持

もちろん，クロック信号も共通して与えられるが，図が煩雑になるため表記は省略している．命令実行の 4 ステージの動作をプロセッサに行わせるには，図 5.14 のようなタイミングチャートで表される M1 から M4 を与えればよい．このように，クロック入力の 1 サイクル分だけずらして M1 から M4 を入力することで，対象となるステージのときだけ値を更新できる．

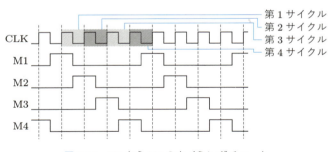

図 5.14　M1 から M4 のタイミングチャート

5.4.3 動作例

このハードウェアがプログラムを実行するときの動きをじっくり見てみることにしよう．図 5.14 の第 1 サイクルから第 4 サイクルでの動作を，それぞれ以下で説明する．初期状態を図 5.15 から始める．メモリには図 5.13(c) の命令 (1) と (2) を，0 番地から順に入れてある．また，PC の初期値を 0 とし，0 番地の命令からフェッチできるよう準備している．レジスタファイル内のレジスタには，それぞれ図のとおりの初期値が入っているものとしよう．なお，0x が前置され

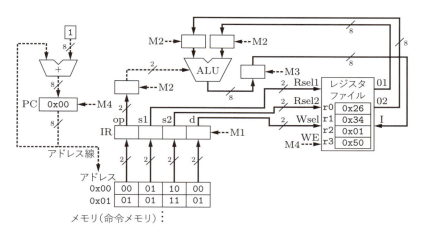

図 5.15　動作例の初期状態

ている値は 16 進数表記である．

　この初期状態から，次のクロックパルスが与えられ，第 1 サイクルになったときの状態が**図 5.16** である．第 1 サイクルでは M1 ＝ 1 となっているため，WE として M1 が与えられている IR への書き込みが行われる．このとき，メモリには PC からアドレス 0x00 が送られているから，メモリの出力は最初の命令 '00 01 10 00' となっており，これがそのまま IR に取り込まれることになる．これが命令フェッチである．

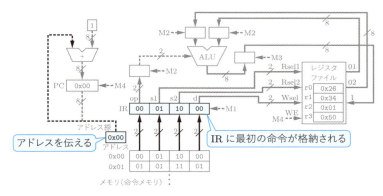

図 5.16　第 1 サイクル（M1 ＝ 1 の CLK 立ち上がり時の動作）

　続いて，次のクロックパルスが与えられ，第 2 サイクルになったのが**図 5.17** である．第 2 サイクルでは，M2 ＝ 1 となっているため，WE として M2 が与えられている．ALU の制御用レジスタと ALU の入力側のレジスタに書き込みが行われる．このとき，IR には直前の命令フェッチステージで格納された命令が入っており，その op が ALU の制御レジスタにそのまま取り込まれる[*]．同様に，IR に格納されている s1 と s2 もレジスタファイルの Rsel1，Rsel2 として使われるので，レジスタファイルから r1 と r2 の値が読み出され，読み出された 0x34 と 0x01 が

---

[*] 一般のプロセッサでは，このときに命令デコーダを通過して，適切な制御信号に変換されたものがこのレジスタに取り込まれる．

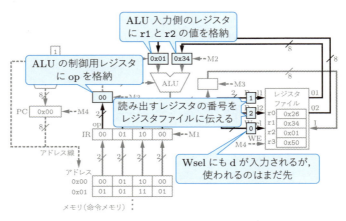

図 5.17　第 2 サイクル（M2 ＝ 1 の CLK 立ち上がり時の動作）

ALU 入力側のレジスタに取り込まれる.

　次のクロックパルスが与えられ，第 3 サイクルになったのが図 5.18 である．第 3 サイクルでは，M3 ＝ 1 となっているため，WE として M3 が与えられている．ALU 出力のレジスタへの書き込みが行われる．このとき，ALU の制御信号には，直前の命令デコードステージで格納された 00 が渡されているので，ALU は加算を行う．加算結果（0x34 + 0x01 = 0x35）が，ALU 出力側のレジスタに取り込まれる．すなわち，このサイクルで，命令で指示された「加算」が実際に行われている．

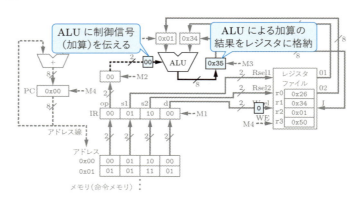

図 5.18　第 3 サイクル（M3 ＝ 1 の CLK 立ち上がり時の動作）

　次のクロックパルスが与えられ，第 4 サイクルになったのが図 5.19 である．第 4 サイクルでは M4 ＝ 1 となっているため，WE として M4 が与えられている．レジスタファイルと PC への書き込みが行われる．レジスタファイルの Wsel には，命令フェッチステージで IR に命令が取り込まれたときの d がそのまま与えられているから，00 番のレジスタ（すなわち r0）に演算結果の 0x35 が書き込まれる．一方，PC には，現在の PC の値である 0x00 に 1 を加算した 0x01 が書き込まれる．これにより，メモリアドレスとして 0x01 が送られるようになるから，次の命令のフェッチができるようになる．

　以上で確認したように，命令メモリにプログラムを入れ，PC にプログラム開始地点のメモリ

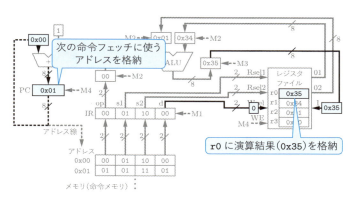

図 5.19　第 4 サイクル（M4 ＝ 1 の CLK 立ち上がり時の動作）

アドレスをセットしておけば，外部からクロックパルスを与えるだけで「自動的に」プログラムに書かれたとおりのことが行われる．これが，コンピュータの動作の基本である．一方，本章で用いた簡単なハードウェアと命令だけでは，実用的な処理はできない．このために必要となる命令や，それによって作られるプログラムについて次章で詳しく見ていこう．

▶ 演習問題

5.1　2：4 アドレスデコーダの真理値表と回路図を作成せよ．

5.2　5.4.3 項の第 1 サイクルから第 4 サイクルの動作例に続き，第 5 サイクルから第 8 サイクルで行われることを，それぞれ説明せよ．

5.3　5.4.3 項で見た動作例にならい，命令メモリのメモリ 0x00 番地に '00 00 01 10'，メモリ 0x01 番地に '01 10 00 11' が格納された場合に，第 1 サイクルから第 8 サイクルで行われることを説明せよ．ただし，命令メモリ以外の部分については，図 5.15 の初期状態から始めるとする．

CHAPTER 6 ▶ 命令セットとプログラム

コンピュータの動作の基本は，プロセッサがメモリに置かれたプログラムを読み出し，コンピュータ全体をそのプログラムどおりに制御することである．ここでは，プログラムを文章として見たときの「単語」に相当する命令について詳しく見ていこう．

6.1 ▶ プログラムと命令

第 5 章で説明したように，メモリ内に置かれたプログラムをプロセッサが読み出し，解釈して実行することによってコンピュータは動作している．ここで，プロセッサはプログラム全体を一度に読み出すのではなく，命令を 1 個ずつ読み出しているのであった（命令フェッチ）．したがって，メモリ上に置かれているプログラムは，図 6.1 のように，多数の命令が並んだものとなっている．

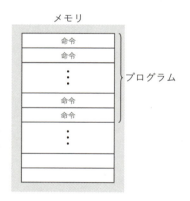

図 6.1　プログラムと命令の関係

人間（プログラマ）がプログラムを作成するということは，コンピュータに所望の仕事をさせるために，命令を並べる作業をするということである．すなわち，命令はプロセッサがプログラムを実行するうえでの単位サイズであり，また同時に，人間がプログラムを作成するうえでの単位サイズでもあるということになる．このため，命令がどんなものであるかを理解するということが，コンピュータを理解することにつながっていく．

読者の多くは，C 言語のような高級プログラミング言語を使ったプログラミングを体験したことがあるだろう．C 言語で書かれた「プログラム」は，コンパイラというツールによって，上述したような命令が並んだプログラムに変換される．したがって，人間は C 言語の「プログラム」を書くことで，コンパイラを介して間接的に命令を並べる作業をしていることになる．高級言語で書かれた「プログラム」に対して，命令が並んだプログラムのことを機械語プログラムという．

一方，Python のようなインタプリタ言語とよばれるプログラミング言語を使ってプログラミングの学習をしたことがある方も多いだろう．Python の「プログラム」は，実行時に Python インタプリタという機械語プログラムによって解釈され，「プログラム」に書かれたとおりの動作を行う．インタプリタ言語で書かれた「プログラム」自体は，機械語プログラムに変換されないことに注意しよう．

6.2 ▶ プロセッサのデータパス

命令について学ぶ準備として，プロセッサのハードウェアについて確認しておこう．

図 6.2 は，5.1 節で示したプロセッサのブロック図の再掲である．上半分がプロセッサで，下に置かれているのがメモリである．メモリは「プロセッサ」には含まれていないので注意しよう．プロセッサ内での演算処理には，3.3 節で説明したように，ALU（算術論理演算器）が使われる．演算には，プロセッサ内の記憶デバイスであるレジスタファイルに格納されているデータ（値）が使われる．レジスタファイルの容量は限られているから，適宜メモリとの間でのデータのやりとりが必要である．

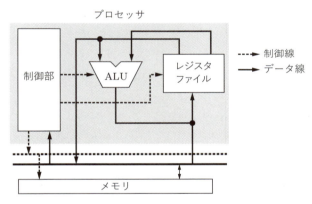

図 6.2　プロセッサのブロック図（再掲）

どのデータを使ってどのような演算を行うのか，いつどのようにメモリとのデータのやりとりを行うのかといった具体的な「処理の内容」は，すべて命令によって指示される．すなわち，プロセッサ内の ALU，レジスタファイルなどのすべてのハードウェアは，命令の指示によって制御される．図 6.2 内の制御線はすべて，制御部内に読み込まれた命令によって指示されたように駆動されるから，コンピュータ全体も命令で指示されたとおりの動作をすることになる．

図 6.2 のハードウェアの構成を頭に入れたら，この図から制御用のハードウェアをすべて取り除いた図 6.3 で考えると，各命令の動作を理解しやすい．データの流れだけが示されていることから，これをプロセッサのデータパスという．

なお，ここでは r0 から r7 の 8 本のレジスタから構成されたレジスタファイルを示しているが，このようなハードウェアの構成はプロセッサの設計者が決めるものである．そのため，あく

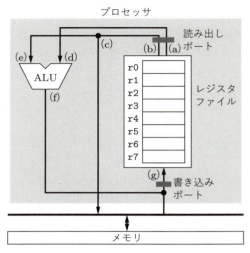

図 6.3　プロセッサのデータパスの例

までも一つの例として見てほしい．

　レジスタファイル内にある 8 本のレジスタには，それぞれ，0 から 7 の番号が付けられており，プログラムと命令からこの番号で区別される．これらの各レジスタは，レジスタファイルの読み出しポートと書き込みポートの数の範囲内で，独立して読み書きすることができる．ここでいうポートとは，データの入出力に使われる「出入り口」のことである．図のデータパスでは，読み出しポートが(a)，(b)の 2 個，書き込みポートが(g)の 1 個あるから，2 本のレジスタの読み出しと 1 本のレジスタの書き込みを同時にできる．

　ALU を使う典型的な演算命令の場合，レジスタファイルの二つの読み出しポート(a)，(b)からそれぞれ 1 本ずつのレジスタの値を読み出し，それらの値を(d)，(e)から ALU に入力する．そして，ALU の(f)から出力されてくる演算結果を，レジスタファイルの書き込みポート(g)を通じてレジスタに書き込むことで演算を行う．

　メモリへの書き込みを行う命令であれば，レジスタファイルの読み出しポート(b)から読み出された値を，地点(c)を経由してメモリに書き込めばよい．逆に，メモリからの読み出しを行う命令の場合は，メモリから読み出された値を書き込みポート(g)からレジスタに書き込むことになる．レジスタと異なり，メモリは通常 1 個のポートしかもたないため，書き込みと読み出しを同時に行うことはできないことにも注意しよう．

6.3　命令のサンプル（算術論理演算命令，データ移動命令）

　「命令」のおおまかな印象をつかむために，前節で示したデータパスを前提として，いくつか命令のサンプルを見てみることにしよう．表 6.1 に，6 種類の命令の例を紹介している．あるプロセッサが使うことのできる命令の集合を命令セットという．もし表 6.1 の命令を使うことのできるプロセッサがあったとすると，そのプロセッサは 6 種類の命令からなる命令セットをもつと

表 6.1　サンプルの命令セット(1)

説明	名称	アセンブリ言語表現	動作	例
算術論理演算命令				
加算	add	add rd, rs, rt	rd ← rs + rt	add r2, r1, r4
減算	sub	sub rd, rs, rt	rd ← rs - rt	sub r7, r6, r5
論理積	and	and rd, rs, rt	rd ← rs & rt	and r0, r1, r2
論理和	or	or rd, rs, rt	rd ← rs | rt	or r2, r4, r4
データ移動命令				
ロード	lw	lw rt, addr(rs)	rt ← mem(addr + rs)	lw r1, 4(r2)
ストア	sw	sw rt, addr(rs)	mem(addr + rs) ← rt	sw r3, 8(r4)

レジスタの本数は8本（r0 ～ r7），各レジスタは32ビットの値を格納できる．
データ移動命令は，4バイト（＝32ビット）の値をメモリに読み書きする．

いうことになる．

　表6.1では，命令セットに含まれる命令を，算術論理演算命令とデータ移動命令の2種類に大別している．算術論理演算命令は，レジスタファイルに入っている値をALUに入力し，演算結果をレジスタファイルに書き込むタイプの命令である．データ移動命令は，レジスタファイルからメモリに，またはメモリからレジスタファイルに値をコピーする命令である*．

　表の各列の意味について，左から順に見ていく．「説明」の欄には，各命令の日本語での意味を示している．「名称」は各命令の名前である．「アセンブリ言語表現」は，命令に一対一で対応する文字列で各命令を表す表記法による表現である．アセンブリ言語表現の解釈のしかたを図6.4に示す．レジスタ指定 rs, rt, rd には，レジスタファイル内のレジスタ（ここでは，図6.3の8本のレジスタを想定している）のいずれかを指定する．それに加えて，データ移動命令の場合は，メモリアドレス（addr）も指定する．このアセンブリ言語表現で指定された命令の実際の動作の説明が，「動作」列に書かれている．ここで，←はデータの書き込みを表している．たとえば rd ← rs + rt であれば，rs レジスタの内容と rt レジスタの内容を加算して，結果を rd レジスタに書き込むという意味である．また，mem() という表記は，括弧内の値をメモリアドレスとしてメモリにアクセスすることを表している．たとえば rt ← mem(addr + rs) であれば，addr に rs レジスタの値を加算したものをメモリアドレスとして読み出しを行い，読み出された値を rt レジスタに書き込む．「例」には，実際のレジスタ名やアドレスを記入したアセンブリ

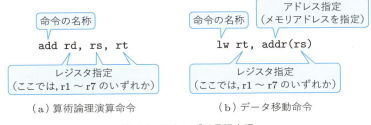

図 6.4　アセンブリ言語表現

＊ 移動（move）命令とよばれることもあるが，移動元の値がなくなるわけではないので，誤解を防ぐためにここでは「コピー」と説明している．

言語表現の例が示されている．

6.3.1 算術論理演算命令の例

それでは，4種類の算術論理演算命令を順に詳しく見ていこう．最初のadd命令は，加算を行う命令である．add命令のアセンブリ言語表現は，図6.4に示しているように，rd, rs, rtの3個のレジスタ指定子をもっている．これらのレジスタ指定子には，r0からr7のいずれかのレジスタを指定することができる．たとえば，rdとしてr2，rsとしてr1，rtとしてr4をそれぞれ指定すると，表中の例にあるとおりの'add r2, r1, r4'という命令となる．add命令の動作は，rsとrtとして与えられたレジスタの値を加算し，演算結果をrdに格納するというものである．この命令であれば，r1レジスタとr4レジスタに入っている値を加算し，結果をレジスタr2に書き込む命令ということになる．

次のsub命令は，減算を行う．アセンブリ言語表現でのレジスタ指定子では，addと同様に3個のレジスタを指定する．動作は，add命令が加算をしていたところで減算をすることになるから，表の'sub r7, r6, r5'という例であれば，r6レジスタの値からr5レジスタに入っている値を減算し，結果をレジスタr7に書き込む命令となる．

これらaddおよびsub命令のデータパス上での動作の例を図6.5(a)，(b)に示す．同図(a)では，レジスタr1とr4から読み出された値がALUに送られ，ALUは加算を行って，演算結果がレジスタr2に書き込まれる．同図(b)では，レジスタr6とr5から読み出された値がALUに送られ，ALUは減算を行って，演算結果がレジスタr7に書き込まれる．アセンブリ言語表現でのレジスタ指定とデータパス上でのレジスタの使われ方の対応関係について，よく確認してほしい．

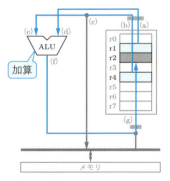 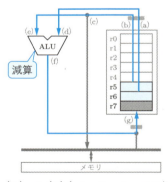

（a）add命令（add r2, r1, r4の例）　　（b）sub命令（sub r7, r6, r5の例）

図6.5　算術論理演算命令のデータパス上での動作

演算器がどんな演算を行うかは，図6.2のとおり，制御部が命令を解釈し，その結果から生成される制御信号によって決まる．なお，データパスでは制御信号が書かれていないことに気を付けよう．

残りのandおよびor命令は，それぞれ，ビット毎AND演算，ビット毎OR演算を行う命令である．レジスタ指定については，addおよびsub命令と同様である．ビットごとの論理演算（4

ビット）の例を図 6.6 に示す．ビット毎演算では，与えられた値の同じ位置にあるビットについて，AND や OR などの論理演算を行ったものが出力となる．論理演算であるから，加算や減算とは異なり，繰り上がりや繰り下がりは発生しない．

```
     1001          1001           1001            1001
 and 0101       or 0101       xor 0101       nor 0101
     0001          1101           1100            0010
```
（a）AND 演算　（b）OR 演算　（c）XOR 演算　（d）NOR 演算

図 6.6　ビット毎演算の例

6.3.2　データ移動命令の例

続いて，データ移動命令 lw と sw について説明する．データ移動命令は，レジスタファイルとメモリの間でデータのコピーを行う命令である．プログラムの実行開始時にレジスタファイル内のレジスタに入っている値は初期化されていない．よって，意味のある演算をするには，各プログラムがメモリから値を取り出し，その値をレジスタに移すとよい．逆に，演算結果がレジスタに入っていたとしても，そのままではプロセッサ外で利用することができないから，レジスタ内の値をメモリに移す操作も必要である．これらの処理を実現する目的で，プログラム内ではデータ移動命令が多数使われる．

lw 命令は，データをメモリから読み出し，指定されたレジスタに書き込むものである．図 6.4 のように，lw 命令のアセンブリ言語表現には，rs と rt の 2 個のレジスタ指定子があり，これらはそれぞれレジスタファイル内のレジスタを指定する．このうち rt は，メモリから読み出された値の書き込み先となるレジスタとして使われる．一方，rs は単独で使われるのではなく，別途与えられたアドレス指定 addr と加算された後，読み出す値の置かれているメモリアドレスとして使われる．たとえば，rs として r2，rt として r1，addr として 4 をそれぞれ指定すると，表中の例にあるとおり 'lw r1, 4(r2)' という命令となり，メモリの（4 + r2）番地にある値を読み出して，レジスタ r1 に書き込むという動作をする．このときのデータパス上での動作を図 6.7(a) に示す．アドレス指定に使われる addr という値は，制御用のハードウェアである命令レジスタから送られてくる．そのため，図 6.7 のデータパス上では ALU の入力に直接 '4' が与え

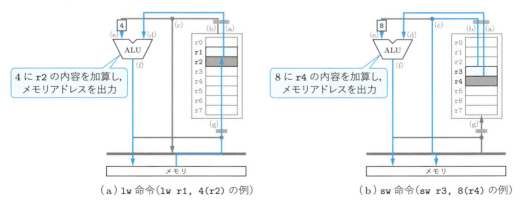

（a）lw 命令（lw r1, 4(r2) の例）　　　（b）sw 命令（sw r3, 8(r4) の例）

図 6.7　データ移動命令のデータパス上での動作

られるという例外的な書かれ方をしている．同様の理由で，メモリのアドレス線も書かれていないことに注意しよう．

`sw`命令は，指定されたレジスタから読み出した値をメモリに書き込むものである．`lw`命令とはメモリとレジスタファイル間で値の動く向きが正反対となる．`sw`命令のアセンブリ言語表現にも，`lw`命令と同様に，`rs`と`rt`の2個のレジスタ指定子がある．`rs`がアドレス指定`addr`とともにメモリアドレスの指示に使われ，`rt`が値を読み出すレジスタの指定に使われる．表中の「例」にある'`sw r3, 8(r4)`'という命令であれば，レジスタ`r3`の値をメモリの（8 + `r4`）番地に書き込むという動作になる．このときのデータパス上での動作を図6.7(b)に示す．

ところで，表6.1の欄外に記載されているように，データ移動命令の`lw`, `sw`は4バイト（= 32ビット）の値の読み書きを行う．これは，各レジスタの大きさ（格納できるデータ量）が4バイトであることに対応している．プロセッサが扱う基本データサイズを**ワード長**（語長）といい，この命令セットのワード長は4バイトということができる．ワード長に等しい大きさのデータを，単に**ワード**ということがある＊．

一方，5.2節で学んだように，メモリアドレスは1バイトごとに付けられている．したがって，メモリに対する1ワード（= 4バイト = 32ビット）の読み書きのアクセス先は，複数のメモリアドレスで指定される範囲となる．このことを図6.8(a)に示す．前出の命令'`lw r1, 4(r2)`'で`r2`の値が`0x304`だった場合を考えると，プロセッサからメモリに送られるメモリアドレスは，`0x308`番地となるが，`lw`は1ワードのアクセスなので，これは**`0x308`番地に続く4バイトの読み出しとして扱われる**．したがって，`0x308`番地から`0x30B`番地へのアクセスが行われ，読み出された4バイトの値がレジスタ`r1`に書き込まれることになる．

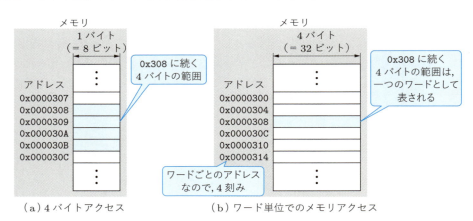

図6.8 命令'`lw r1, 4(r2)`'によるメモリアドレスの範囲（`r2`の値が`0x304`の場合）

この命令セットでは，メモリに対するアクセスが4バイト単位で行われる．そのため，メモリの取り扱いを考えるとき，図6.8(a)のように捉えるよりも，同図(b)のように4バイトのワードが4番地刻みで並んでいると捉えたほうがわかりやすい．各ワードの大きさは4バイトであるから，バイト単位で付けられているメモリアドレスは4番地おきになる．

＊ `lw`, `sw`の二つの命令はそれぞれ'Load Word', 'Store Word'から名付けられている．

6.3.3　簡単なプログラムの例

6.1 節で見たように，プログラムは命令が並んだものである．表 6.1 の命令セットを使って作った簡単なプログラムを，**プログラム** 6.1 に示す．プログラムに並べられている命令は，上から一つずつ順番に処理されていく．このプログラムは，まずレジスタ r2, r3 にそれぞれメモリから値を読み出し，それらの値を加算したものをレジスタ r2 に書き込み，最後にレジスタ r2 の値をメモリに書き込むことになる．なお，以降のプログラムの例では，各行のセミコロン（;）より後の部分は，すべてコメントとして扱うことにする*．

プログラム 6.1　簡単なプログラムの例

```
1  lw  r2, 8(r1)    ; (r1 + 8) 番地の値を r2 に読み出し
2  lw  r3, 0xC(r1)  ; (r1 + 0xC) 番地の値を r3 に読み出し
3  add r2, r2, r3   ; r2 ← r2 + r3
4  sw  r2, 8(r1)    ; r2 の値を (r1 + 8) 番地に書き込み
```

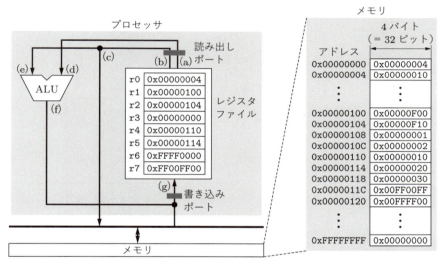

図 6.9　データ移動命令の例（開始時）

いま，図 6.9 の状態からこのプログラムの実行を始めたとする．このときプログラム 6.1 は，以下のような順序で実行される．

- 1 行目：メモリの 0x108 番地（r1 の値 0x100 + 8）の値 1 を，r2 に読み出し．
- 2 行目：メモリの 0x10C 番地（r1 の値 0x100 + 0xC）の値 2 を，r3 に読み出し．
- 3 行目：r2 の値 1 + r3 の値 2 を，r2 に書き込み（r2 の値は 3 になる）．
- 4 行目：r2 の値 3 を，メモリの 0x108 番地（r1 の値 0x100 + 8）に書き込み．

このように，命令を一つずつ順番に処理することが，プログラムを実行するということの意味であることを理解しよう．

＊　プログラムのなかに書かれた注釈で，プログラムの実行には直接影響しないものを「コメント」という．

6.4 ▶ 命令フォーマット

　図 6.1 のように，プログラムの構成要素である命令はメモリ内に置かれている．では，命令は
どのような形でメモリに置かれているのだろうか？

　前節での命令は，'add r2, r1, r4' のようなアセンブリ言語表現で表されていたが，メモリ
に格納できるのは 0 または 1 のいずれかの値だけであるから，アセンブリ言語表現をそのまま
メモリに置くことはできない．したがって，命令の種類（add，lw など）と使用するレジスタの
番号（r2，r4 など）を識別できる情報を 2 進数（ビットの並び）として表した形でメモリに置く
ことになる．このとき，どのようなビットの並びとして命令を表すのかを定めた形式を命令フォー
マットという．

　本書で使用する命令フォーマットの例を図 6.10 に示す．同図(a)の 3 種類のフォーマットは，
それぞれある一つの命令を表している．ここでは，すべての命令は 32 ビットの固定長である．
したがって，すべての命令はメモリ上で 4 バイトの領域を占めることになる．各命令の 32 ビッ
トの並びは，op, rs などの部分領域（フィールド）に分かれて解釈される．同図(b)に各フィー
ルドの意味を示す．なお，同図(a)の各フィールド名の後の括弧内の値は，そのフィールドに使
われるビット数を表している．

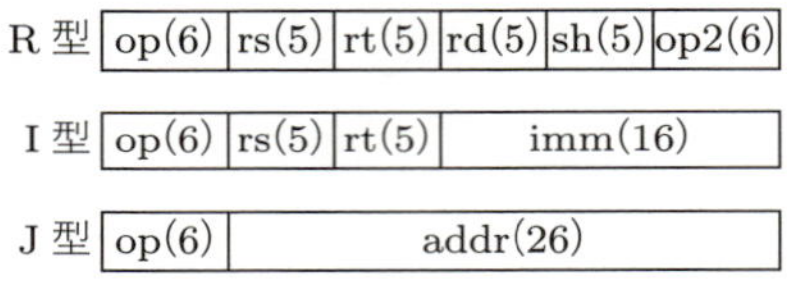

R 型 | op(6) | rs(5) | rt(5) | rd(5) | sh(5) | op2(6)

I 型 | op(6) | rs(5) | rt(5) | imm(16)

J 型 | op(6) | addr(26)

命令	意味
op, op2	オペコード（命令の種類の指定）
rs, rt, rd	レジスタ指定
sh	シフト量（シフト命令だけが使用）
imm	即値
addr	アドレス

（a）フォーマットの型（括弧内の値は
そのフィールドのビット数）　　　　（b）各フィールドの意味

図 6.10　本書で使用する命令フォーマット

　この命令フォーマットでは，命令は R 型，I 型，J 型のいずれかの形式に分類される．各命令
をどの形式として解釈するべきかは，上位 6 ビット（op）を見ればわかるように構成されている．
　続いて，命令の各要素について見ていこう．

- op と op2 フィールド：命令の種類（add，lw など）を区別するためのフィールドであり，
  オペコードとよばれる．

- rs, rt, rd フィールド：レジスタ指定のためのフィールドであり，レジスタ番号をそのまま
  格納する．

- imm フィールド：即値（immediate）とよばれ，6.3.2 項で説明した lw や sw 命令の addr
  のように，命令内にそのまま値を含めたいときに使われる．この場合は，メモリアドレスへ
  の加算値を含める．

- sh フィールド：シフト命令でのみ使用される（6.6.3 項で説明）．

　オペコードが，処理（命令）の種類を示すものだったのに対し，rs, rt, rd, imm の各フィール

74　第 6 章　命令セットとプログラム

ドは，命令の処理の対象を示すものであり，オペランドとよばれる．

表 6.1 のサンプルの命令セット（1）の各命令について，命令形式（R, I, J のいずれか）とオペコード（op, op2）の具体的な値を入れたものを表 6.2 に示す．なお，データ移動命令については，表 6.1 内で addr と表示していたアドレスへの加算値を imm に表記を変えている．

表 6.2　サンプルの命令セット（1）（形式とオペコード付き）

説明	名称	アセンブリ言語表現	動作	例	形式	op	op2
算術論理演算命令							
加算	add	add rd, rs, rt	rd ← rs + rt	add r2, r1, r4	R	000000	100000
減算	sub	sub rd, rs, rt	rd ← rs - rt	sub r7, r6, r5	R	000000	100010
論理積	and	and rd, rs, rt	rd ← rs & rt	and r0, r1, r2	R	000000	100100
論理和	or	or rd, rs, rt	rd ← rs | rt	or r2, r4, r4	R	000000	100101
データ移動命令							
ロード	lw	lw rt, imm(rs)	rt ← mem(imm + rs)	lw r1, 4(r2)	I	100011	—
ストア	sw	sw rt, imm(rs)	mem(imm + rs) ← rt	sw r3, 8(r4)	I	101011	—

レジスタの本数は 8 本（r0 〜 r7），各レジスタは 32 ビットの値を格納できる．
データ移動命令は，4 バイト（= 32 ビット）の値をメモリに読み書きする．

この命令フォーマットにより，命令 'add r2, r1, r4' と命令 'lw r1, 4(r2)' の二つをビットの並びとして表現したものを，図 6.11 に示す．以下，本書ではすべての命令が図 6.10 の命令フォーマットで表現されるものとする．なお，まだ使われていない J 型の命令については 6.5 節で説明する．

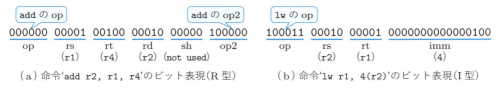

（a）命令 'add r2, r1, r4' のビット表現（R 型）　　（b）命令 'lw r1, 4(r2)' のビット表現（I 型）

図 6.11　命令のビット表現の例

6.4.1　メモリに置かれたプログラムとデータ

すべての命令は命令フォーマットに従ってビットの並びとして表現され，それがメモリに置かれてプログラムを構成する．本書で扱う図 6.10 の形式では，すべての命令が 32 ビット固定長であるため，それぞれの命令はメモリ上で 4 バイトの領域を占める．

このことを踏まえ，例として，プログラム 6.2 をメモリの 0 番地から始まる領域に置いた場合の状況を図 6.12 に示す．最初の命令 'lw r2, 8(r1)' は 0 番地から 3 番地の 4 バイトに置かれており，図上でのアドレス表示は，その先頭の 0x00000000 となっている．2 番目の命令 'lw r3, 8(r2)' は，次の 4 バイトである 4 番地から 7 番地を占める．以下同様に，4 個の命令が 16 バイトのメモリ領域 0 番地から 0xf 番地に置かれている．

このプログラムを構成するのは 4 個の命令ですべてであり，プログラムの置かれる範囲をプログラム領域という．また，プログラムが lw 命令や sw 命令で読み書きするデータもメモリ上に

6.4　命令フォーマット　　75

プログラム 6.2 各命令の置かれるアドレスとデータを明示したプログラム．行頭は命令の置かれているアドレス（0x の前置は省略している）であり，アドレスの桁数（前置される 0 の数）は適宜変更する．また，命令はアセンブリ言語で表現している．

```
1   0000  lw r2, 8(r1)
2   0004  lw r3, 8(r2)
3   0008  add r4, r3, r2
4   000C  sw r4, 0xC(r1)
5   ……                    :使用しないメモリ領域は……… で表す
6   0100  0xF00           :以下，データ領域
7   0104  0xF10
8   0108  0x1             :1 と書いても同じ
9   010C  0x2             :2 と書いても同じ
10  0110  0x10            :16 と書いても同じ
11  0114  0x20            :以下同様
12  0118  0x30
13  011C  0xFF00FF
14  0120  0xFFFF00
15  ……                    :使用しないメモリ領域
```

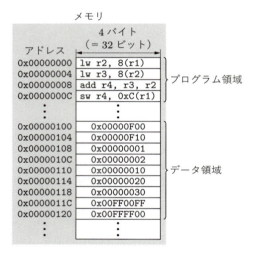

図 6.12　メモリに置かれたプログラムの例

置かれている．図 6.12 では，0x100 番地から 0x123 番地の範囲がデータ領域である．

このように，プログラムはデータ領域とともにメモリ上に置かれてから実行されていく．しかし，毎回このような図を書いて示すのは煩雑なので，以下，本書ではプログラム 6.2 のような書式を使用する．図 6.12 とよく見比べて，意味を理解しよう．

6.5　命令のサンプル（分岐命令）

前節までに示したプログラムは，一つずつ命令を「上から順に」実行するものであった．しかし，実際のプログラムには，if 文のようにプログラムの一部の実行の有無が分かれる選択処理や，for 文のように一部を繰り返して実行する反復処理が含まれる．このような処理は，表 6.2 の命

令セットだけでは実現できない.

これらの処理には, 分岐命令とよばれる種類の命令が必要である. この命令の動作を理解するには, 5.3 節で学んだプロセッサによる命令実行の流れを押さえておかねばならない. そのため, ここから先へと読み進む前に, 5.3 節をしっかり理解できているか振り返っておいてほしい.

プロセッサによる命令実行は, 命令フェッチステージから始まる. 命令フェッチステージでは, PC (プログラムカウンタ) で指示されたメモリアドレスから命令が読み出される. 読み出された命令は, 命令デコードステージ, 実行ステージ, 書き戻しステージを経て, 実行が完了する. 本書の命令セットでは, すべての命令が 4 バイト (= 32 ビット) 長であるとしている. そのため, 一つの命令の実行が完了したときに PC の値を +4 することで, 続く命令フェッチステージで「次の命令」を読み出すことができるようになる. これにより, プロセッサが「一つずつ命令を上から順に実行する」ことができる.

もし, 命令実行が終わったとき, PC を +4 するかわりに, もっと大きな値に変化させれば, 間にある命令はフェッチされなくなり, 選択処理を実現できる. 同様に, PC を小さな値に変化させれば, 指定される命令は前に戻るから, プログラムの一部を繰り返す反復処理を実現できる. このように PC を変化させる命令を, 分岐命令という. 分岐命令を追加した命令セットを表 6.3 に示す.

この命令セットでは, 4 種類の分岐命令 (j, jr, beq, bne) を追加している. 分岐命令は, 無条件分岐命令と条件分岐命令に大別される. 無条件分岐命令は, その命令を実行したときに PC の値が必ず変更される命令であり, 反復処理や一連の命令のかたまり* の呼び出しに用いられる.

表 6.3 サンプルの命令セット (2)

説明	名称	アセンブリ言語表現	動作	例	形式	op	op2
算術論理演算命令							
加算	add	add rd, rs, rt	rd ← rs + rt	add r2, r1, r4	R	000000	100000
減算	sub	sub rd, rs, rt	rd ← rs - rt	sub r7, r6, r5	R	000000	100010
論理積	and	and rd, rs, rt	rd ← rs & rt	and r0, r1, r2	R	000000	100100
論理和	or	or rd, rs, rt	rd ← rs | rt	or r2, r4, r4	R	000000	100101
データ移動命令							
ロード	lw	lw rt, imm(rs)	rt ← mem(imm+rs)	lw r1, 4(r2)	I	100011	—
ストア	sw	sw rt, imm(rs)	mem(imm+rs) ← rt	sw r3, 8(r4)	I	101011	—
分岐命令							
無条件分岐	j	j addr	pc[25:0] ← addr	j 0x100	J	000010	
無条件分岐	jr	jr rs	pc ← (rs)	jr r1	R	000000	001000
条件分岐	beq	beq rs, rt, imm	rs = rt ならば, pc ← (pc) + imm	beq r1, r2, 0x10	I	000100	—
条件分岐	bne	bne rs, rt, imm	rs ≠ rt ならば, pc ← (pc) + imm	bne r1, r2, 0x10	I	000101	—

レジスタの本数は 8 本 (r0 〜 r7). 各レジスタは 32 ビットの値を格納できる.
データ移動命令は, 4 バイト (= 32 ビット) の値をメモリに読み書きする. メモリアドレスは 32 ビット値とする.

＊ サブルーチンや関数とよばれる.

一方，条件分岐命令は，指定された条件が成立したときにだけPCの値が変更される命令であり，選択処理に用いられる．

一般に，「PCを書き換えること」を「分岐する」や「ジャンプする」ということがある．たとえば，「無条件分岐命令では必ず分岐が起こる」や，「条件分岐命令では，条件が成立したときにジャンプする」などと説明される．

■ 6.5.1 無条件分岐命令

無条件分岐のj命令（Jump）は，J型の命令フォーマットである．J型の命令では，図6.10のとおり，先頭6ビットがオペコードで，残りの26ビットがメモリアドレスとして使われる．しかし，メモリアドレスは32ビットの値のため，26ビットのメモリアドレスフィールドでは，残りの6ビットの値を指定することができない．そのため，たとえば表6.3の「動作」の列のように，pc[25:0]という記法が使われている．これは，PCの第0ビット（最下位ビット）から第25ビットまでの範囲を指している．したがって'pc[25:0] ← addr'という表記は，PCの下位26ビットの値が命令のアドレスフィールドで指定された値に置き換わり，上位6ビットの値は変化しないという動作を表す．

j命令の例を図6.13に示す．0x00000010番地に命令'j 0x2000'が置かれた場合，この命令が実行されるときのPCの値は0x00000010であるから，次に実行される命令のメモリアドレス（ジャンプ先アドレス）は，PCの上位6ビットとj命令のaddr 26ビットを連結した32ビットの値0x00002000になる．

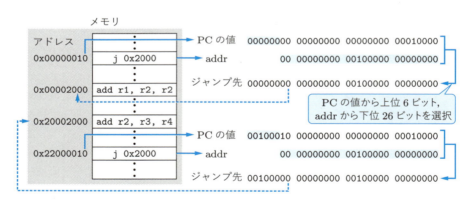

図6.13　j命令の例

また，0x22000010番地に命令'j 0x2000'が置かれた場合には，この命令が実行されるときのPCの値は0x22000010であるから，ジャンプ先アドレスは，PCの上位6ビットとj命令のaddr 26ビットを連結した32ビットの値0x20002000になる．このように，単純にPCの値とaddrを加算するのではないことに注意しよう．

無条件分岐のjr命令（Jump Register）は，R型の命令フォーマットである．動作としては，レジスタ指定子rsで指示されたレジスタの値がそのままPCにセットされる．R型の命令のた

め，rsのほかにrtやrdの指定も（結果的に）されているが，それらは単に無視される（捨てられる）．各レジスタは32ビットの値を保持しているため，j命令のときとは異なり分岐先のアドレスは簡単に定まる．

6.5.2 条件分岐命令

条件分岐のbeq命令（Branch on EQual）は，I型の命令フォーマットである．二つのレジスタ指定子（rs, rt）で指定されたレジスタの値が等しい（equal）とき，現在のPCの値にimmを加算したアドレスにPCの値を変更する．I型の命令の即値（imm）には16ビットの値を指定することができ，条件分岐命令ではこの16ビット値を符号付きの整数（負の数は2の補数として表現）として扱うことにより，正負どちらの方向にもPCの値を変化させられるようにしている．

beq命令の例を図6.14に示す．0x30300010番地に命令'beq r1, r2, 0x2000'が置かれた場合，この命令が実行されるときのPCの値は0x30300010である．もしr1とr2の値が等しかったら，次に実行される命令のメモリアドレス（ジャンプ先アドレス）は，現時点のPCの値にbeq命令のimmの16ビットを加算した値0x30302010になる．もしr1とr2の値が等しくなかったら，ジャンプはしないので，次に実行される命令は現時点のPCに4を加えた0x30300014番地に置かれた命令となる．

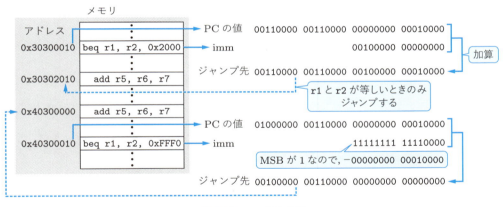

図6.14　beq命令の例

また，0x40300010番地に命令'beq r1, r2, 0xFFF0'が置かれた場合には，この命令が実行されるときのPCの値は0x40300010である．もしr1とr2の値が等しかったら，ジャンプ先アドレスは，現時点のPCの値にbeq命令のimmの16ビットを加算した値となるわけだが，ここではimmのMSBが1だから，immは負の値とみなされる．したがって，ジャンプ先はimmの2の補数をPCから減じた0x40300000となる．もしr1とr2の値が等しくなければ，ジャンプはせず，次に実行される命令は，現時点のPCに4を加えた0x40300014に置かれた命令となる．

bne（Branch on Not Equal）も条件分岐命令である．beq命令とは，PCの値を書き変える条件が「等しい」から「等しくない」に変わっただけで，それ以外の動作は同様である．

6.5　命令のサンプル（分岐命令）　　79

6.6 ▶ 実用的な命令セット

前節までの命令セットは，プロセッサとして動作できる最低限のものであり，実用的なプログラムを作るには，もう少し命令の追加が望まれる．

以下の項で順次，使える命令を増やしていくが，その前にレジスタについて検討しよう．まずその本数について，ここまでは r0 から r7 の 8 本に限定していた．しかし，図 6.10 の命令フォーマットでは，各レジスタ指定子（rs，rt，rd）に 5 ビットずつが割り当てられているから，00000 から 11111 の 32 通りの指定が可能であり，命令セットとしては 32 本のレジスタを扱うことができる．そこでこれ以降では，レジスタ本数を r0 から r31 の 32 本に増やして考えていくことにする．

また，プログラムを作る際に「ゼロ」という値は非常によく使われることから，値がゼロに固定されているレジスタがあると便利である．ここでは，0 番レジスタ r0 がつねにゼロの値をもつことにしよう．このようなレジスタはゼロレジスタとよばれ，多くのプロセッサで実装されている．ゼロレジスタにゼロ以外の値を書き込む命令を実行しても，実際に値が書き込まれることはなく，読み出される値はつねにゼロである．

6.6.1 I 型の算術論理演算命令

図 6.9 の例のように，ここまでは実行開始時のレジスタの値を与えていたが，実際のプログラムでは，レジスタの値をプログラム内で定めることが必要である．lw 命令でレジスタに値を入れられると思われるかもしれない．しかし，lw 命令のアクセス先のメモリアドレスは rs を使用して計算するようになっているから，lw 命令だけでは，レジスタの値をまっさらな状態から初期化することに限界がある．

プログラム自体でレジスタに値を入れるためには，I 型の算術論理演算命令を用意すればよい．追加する命令を表 6.4 に示す．たとえば，レジスタ r3 に値 0x1234 を書き込みたければ，'addi r3, r0, 0x1234' とする（r0 がゼロレジスタであることに注意）．

表 6.4 サンプルの命令セット追加(1)

説明	名称	アセンブリ言語表現	動作	例	形式	op	op2
算術論理演算命令							
即値加算	addi	addi rt, rs, imm	rt ← rs + imm	addi r2, r1, 0x14	I	001000	—
即値論理積	andi	andi rt, rs, imm	rt ← rs & imm	andi r0, r1, 0x14	I	001100	—
即値論理和	ori	ori rt, rs, imm	rt ← rs | imm	ori r2, r4, 0x14	I	001101	—

なお，即値（imm）として使えるのは 16 ビットだけであるから（図 6.10 を参照），addi 命令単独で書き込める値は，0 から 0xFFFF の範囲の 16 ビット値であることに注意しよう．16 ビットに収まらない値をレジスタに書き込むには，次に紹介するシフト命令と組み合わせる必要がある．また，表 6.4 では，論理積と論理和の I 型命令（andi と ori）も追加している．

80　第 6 章　命令セットとプログラム

6.6.2 シフト命令

シフト演算は，ビット列をそのまま左，または右に「ずらす」演算である．左にずらす場合を左シフト演算，右にずらす場合を右シフト演算という．図 6.15 に，左右に 4 ビットずらすシフト演算の例を示す．左シフトの場合は左端から値がはみ出し，右シフトの場合は右側から値がはみ出す．シフト演算では，はみ出した値は単に捨てればよい．また，シフトの方向と逆側の端に，値のない空白地帯ができてしまう．ここに 0 を入れるものを論理シフトという．図 6.15(a)，(b) は，左右の 4 ビット論理シフトの例である．

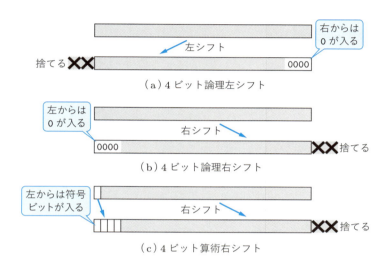

図 6.15　シフト演算の例

符号付き整数の場合，最上位ビットが符号ビットとして使われる．そのため，論理右シフトをしてしまうと，符号ビットが強制的に 0 となり，負の数が正の数に変わってしまうという問題がある．これを避けるには，左から符号ビットを入れてやればよい．このようなシフト演算を算術右シフトという[*]．同図(c)は 4 ビット算術右シフトの例である．

追加するシフト命令（sll, srl, sra）を表 6.5 に示す．それぞれ，sll は Shift Left Logical，srl は Shift Right Logical，sra は Shift Right Arithmetic に対応する．なお，シフト命令の命

表 6.5　サンプルの命令セット追加(2)

説明	名称	アセンブリ言語表現	動作	例	形式	op	op2
シフト演算命令							
論理左	sll	sll rd, rt, sh	rd ← rt << sh	sll r2, r1, 4	R	000000	000000
論理右	srl	srl rd, rt, sh	rd ← rt >> sh	srl r0, r1, 4	R	000000	000010
算術右[1]	sra	sra rd, rt, sh	rd ← rt >> sh	sra r2, r4, 4	R	000000	000011

1) 左から入ってくるのは符号ビット（MSB）．

---

[*] 算術左シフト演算を実装しているプロセッサもある．算術左シフトでは，符号ビットだけがシフトされずに残るという動作になる．

令フォーマットは R 型であるが，rs 指定子は無視され，シフト量 sh は図 6.10 の sh フィールドで指定されることに注意してほしい．

シフト演算と即値論理和を組み合わせて，任意の値をレジスタに書き込む命令列を作ることができる．図 6.16 に，レジスタ r1 に 32 ビット値 0x12345678 を書き込む例を示す．まず，同図(1)のように最終的に上位 16 ビットになる値をセットしてから，次に同図(2)のように 16 ビット左シフトし，その後で同図(3)のように下位 16 ビットと OR 演算して，32 ビットの値をセットしている．

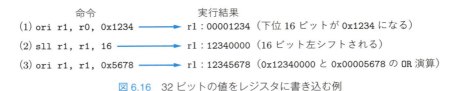

図 6.16　32 ビットの値をレジスタに書き込む例

6.6.3　大小比較による条件分岐命令

条件分岐命令として，等しい（beq），等しくない（bne）だけでなく，大小比較ができると便利である．そこで表 6.6 のように，「より小さい」（Less Than）および「以下」（Less than or Equal）を条件とする条件分岐命令を追加する．

表 6.6　サンプルの命令セット追加(3)

説明	名称	アセンブリ言語表現	動作	例	形式	op	op2
分岐命令							
条件分岐	blt	blt rs, rt, imm	rs < rt ならば，pc ← (pc) + imm	blt r1, r2, 0x10	I	000110	—
条件分岐	ble	ble rs, rt, imm	rs ≤ rt ならば，pc ← (pc) + imm	bne r1, r2, 0x10	I	000111	—

6.7 ▶ 命令セットまとめ

ここまで追加してきた命令をまとめて，命令セット全体を**表**6.7に示す．

表 6.7　本書で使用する命令セット

説明	名称	アセンブリ言語表現	動作	形式	op	op2
算術論理演算命令						
加算	add	add rd, rs, rt	rd ← rs + rt	R	000000	100000
即値加算[1]	addi	addi rt, rs, imm	rt ← rs + imm	I	001000	—
減算	sub	sub rd, rs, rt	rd ← rs - rt	R	000000	100010
論理積	and	and rd, rs, rt	rd ← rs & rt	R	000000	100100
即値論理積	andi	andi rt, rs, imm	rt ← rs & imm	I	001100	—
論理和	or	or rd, rs, rt	rd ← rs | rt	R	000000	100101
即値論理和	ori	ori rt, rs, imm	rt ← rs | imm	I	001101	—
シフト演算命令						
論理左	sll	sll rd, rt, sh	rd ← rt << sh	R	000000	000000
論理右	srl	srl rd, rt, sh	rd ← rt >> sh	R	000000	000010
算術右[2]	sra	sra rd, rt, sh	rd ← rt >> sh	R	000000	000011
データ移動命令[3]						
ロード	lw	lw rt, imm(rs)	rt ← mem(imm+rs)	I	100011	—
ストア	sw	sw rt, imm(rs)	mem(imm+rs) ← rt	I	101011	—
分岐命令						
無条件分岐	j	j addr	pc[25:0] ← addr	J	000010	—
無条件分岐	jr	jr rs	pc ← (rs)	R	000000	001000
条件分岐	beq	beq rs, rt, imm	rs = rt ならば，pc ← (pc) + imm	I	000100	
条件分岐	bne	bne rs, rt, imm	rs ≠ rt ならば，pc ← (pc) + imm	I	000101	
条件分岐	blt	blt rs, rt, imm	rs < rt ならば，pc ← (pc) + imm	I	000110	
条件分岐	ble	ble rs, rt, imm	rs ≤ rt ならば，pc ← (pc) + imm	I	000111	

レジスタの本数は 32 本（r0 〜r31），各レジスタは 32 ビットの値を格納できる．
r0 はゼロレジスタ．メモリアドレスは 32 ビット値とする．
1）即値は符号拡張（6.9 節を参照）される．
2）左から入ってくるのは MSB（符号ビット）．
3）データ移動命令は，4 バイト（32 ビット）の値をメモリに読み書きする．

6.8 ▶ シーケンサと分岐命令

これまで見てきたように，命令フェッチ，命令デコード，実行，書き戻しの 4 ステージを経て，命令が実行される．さらに書き戻しステージでは，次の命令をフェッチできるように，PC（プログラムカウンタ）の値を次の命令のメモリアドレスへと進める．本書の命令セットでは，すべ

6.8　シーケンサと分岐命令　　**83**

ての命令が4バイト長であるから，書き戻しステージでPCに加算されるのは+4である．ただし，分岐命令により分岐が発生する場合には，分岐先のメモリアドレスがPCにセットされることになる．

以上のPCの値を制御するハードウェアを，シーケンサという．シーケンサのハードウェア構成を図6.17に示す．PCの更新は，通常の命令の場合の+4，または分岐が確定した場合の分岐先アドレスをPCに書き込むことでなされ，どちらを書き込むかはマルチプレクサにより選択される．分岐先アドレスの決定やマルチプレクサの制御は，命令をデコードした結果から生成される制御信号，ならびに分岐条件の判定結果によって行われる．

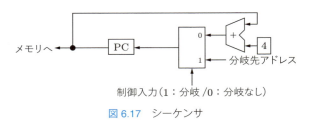

図 6.17　シーケンサ

6.9　符号拡張

コンピュータで負の整数を扱う場合，2の補数表現を代表として，最上位ビットが符号ビットとして使われる．値の表現型のビット幅が異なるとき，符号ビットの扱いに注意が必要となる．たとえば，本書の命令セットでは，基本データ長（ワード長）を32ビットとしているのに対し，I型の命令が即値として16ビットの値を扱うことがある．このときの32ビット整数と16ビット整数では符号ビットの位置が異なるため，問題を起こすことがある．

図6.18(a)で例を見てみよう．同図(a)では，レジスタ r1 に16ビット値 0x1000 を書き込んでいる．16ビット符号付き整数としての 0x1000 の符号ビットは0であるから，正の数であり，10進数に変換すると+4096である．これを32ビットレジスタ r1 に書き込んだ場合の値は 0x00001000 となり，これを10進数に変換するともちろん+4096なので，問題は起こらない．

困るのは，同図(b)のような場合である．ここでは，同じレジスタに16ビット値 0x8000 を書き込んでいる．16ビット符号付き整数としての 0x8000 の符号ビットは1である．よって，負の

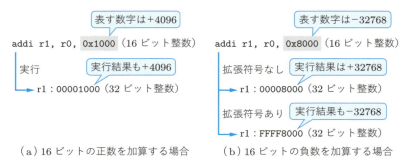

（a）16ビットの正数を加算する場合　　（b）16ビットの負数を加算する場合

図 6.18　符号拡張

数であり，2 の補数表現としての 10 進数値は −32768 である．これを 32 ビットレジスタ r1 にそのまま書き込んだ場合の値は 0x00008000 となる．この値を 32 ビット整数として見ると，符号ビットが 0 であるから，これは 10 進数値の +32768 である．負の値を書き込んだつもりが正の値に変わってしまったことになり，これはプログラマの意図とは異なる動作となる．

　この問題を避けるには，16 ビット整数の符号ビットで 32 ビットの上位 16 ビットを埋めればよい．このような処理を符号拡張という．図 6.18(b) の例において，16 ビット値 0x8000 を符号拡張して 32 ビットレジスタに書き込むと 0xFFFF8000 となる．これは 32 ビットの −32768 であり，書き込まれた値はもとの値の意味を失っていないことがわかる．

　表 6.7 の命令セットでは，addi 命令が符号拡張を行う．そのため，レジスタ r1 に 0xFFFF8000 ではなく，本当に 0x00008000 をセットしたい場合には，符号拡張のない ori 命令を使って，'ori r1, r0, 0x8000' とする必要がある．

　なお本書の命令セットでは，符号付き整数だけを扱う前提で，符号拡張を必ず行う addi 命令だけを用意している．しかし実用的なプロセッサでは，符号なし整数を扱うために，符号拡張なしの即値加算命令も併せて用意されていることが多い．

▶ 演習問題

6.1 レジスタファイル内の値が，図 6.19 の状態から開始したとする．以下の (1) から (8) の命令を実行したとき，値が書き込まれるレジスタと書き込まれる値をそれぞれ答えよ．なお，各命令は，(1) から (8) の順に続けて実行されるのではなく，それぞれ別々に図 6.19 の状態から実行されるものとする．

　(1) add r5, r4, r3　(2) sub r0, r6, r5　(3) and r1, r0, r1
　(4) or r1, r0, r1　(5) add r3, r0, r0　(6) sub r4, r4, r5
　(7) and r6, r7, r3　(8) or r2, r0, r7

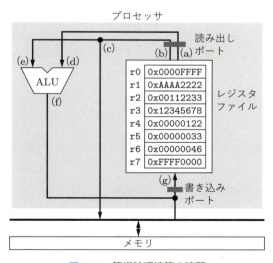

図 6.19　算術論理演算の演習

6.2 レジスタファイルおよびメモリ内の値が，図 6.9 の状態から開始したとする．以下 (1) から (8) の命令を実行したとき，それぞれ，(a) 値が書き込まれるのがレジスタかメモリか，(b) 書き込まれるレジスタ番号またはメモリアドレス，(c) このとき書き込まれる値をすべて答えよ．なお各命令は，それぞれ別々に図 6.9 の状態から実行されるものとする．

(1) `lw r0, 0(r1)`　　(2) `sw r1, 4(r1)`　　(3) `lw r2, 0(r2)`

(4) `sw r3, 0x10(r2)`　(5) `lw r4, 0(r4)`　　(6) `sw r5, 0xC(r4)`

(7) `lw r6, 8(r5)`　　(8) `sw r7, 0xC(r5)`

6.3 レジスタファイルおよびメモリ内の値が図 6.9 の状態から開始したとする．プログラム 6.3，6.4 をそれぞれ実行したとき，値が変更されるレジスタの番号とプログラム終了時の値，値が変更されるメモリアドレスとプログラム終了時の値をすべて答えよ．なお各プログラムは，それぞれ別々に図 6.9 の状態から実行されるものとする．

プログラム 6.3　簡単なプログラムの演習 1

```
1  lw r3, 8(r1)
2  lw r4, 8(r2)
3  add r4, r3, r4
4  sw r4, 0xC(r1)
```

プログラム 6.4　簡単なプログラムの演習 2

```
1  lw r6, 0x10(r2)
2  lw r7, 0(r4)
3  sub r5, r6, r7
4  add r3, r6, r7
5  sw r3, 0(r4)
6  sw r5, 4(r4)
```

6.4 表 6.2 の命令セットを用いて，次のアセンブリ言語表現の命令をビットの並びとして表せ．

(1) `add r1, r2, r3`　　(2) `sub r2, r3, r4`　　(3) `and r4, r5, r6`

(4) `or r3, r5, r7`　　(5) `lw r7, 0x14(r2)`　　(6) `sw r4, 0x40(r3)`

6.5 表 6.2 の命令セットを用いて，次のビット表現の命令をアセンブリ言語表現で表せ．

(1) 000000 00100 00000 00101 00000 100100

(2) 100011 00110 00001 0000000000000100

(3) 000000 00001 00010 00011 00000 100010

(4) 101011 00111 00101 0000000000011100

(5) 000000 00110 00001 00101 00000 100000

(6) 000000 00010 00011 00010 00000 100101

6.6 **プログラム 6.5** の 0 番地から 0x14 番地までを実行したとき，メモリ 0x100 番地から 0x10C 番地までの値はそれぞれどうなるか答えよ．ただし，レジスタ r1 の初期値を 0x100 とし，表 6.2 の命令セットを使うこと．

プログラム 6.5　データを含むプログラムの演習

```
1   0000  lw r2, 0(r1)
2   0004  lw r3, 4(r1)
3   0008  and r4, r2, r3
4   000C  or r5, r2, r3
5   0010  sw r4, 8(r1)
6   0014  sw r5, 0xC(r1)
7   ......
8   0100  0xFF00FF00
9   0104  0xFFFF0000
10  0108  0x10
11  010C  0x20
12  ......
```

86　第 6 章　命令セットとプログラム

6.7 表 6.3 の命令セットの無条件分岐命令 j について，下記のような PC の値とアドレスフィールドの
値の組み合わせが与えられたとき，分岐後の PC の値がいくらになるか答えよ．

(1) PC の値が 0x10000000 のとき，命令 'j 0x9000'

(2) PC の値が 0x40223344 のとき，命令 'j 0x1234567'

(3) PC の値が 0x97111234 のとき，命令 'j 0x4567'

(4) PC の値が 0xFF000000 のとき，命令 'j 0x2222222'

6.8 プログラム 6.6 ～ 6.9 をそれぞれ，PC = 0 から実行したとき，メモリ 0x100 番地に最終的に書き
込まれる値を答えよ*．ただし，レジスタの初期値は下記のとおりとする．

r0 = 0, r1 = 1, r2 = 5, r3 = 1,
r4 = 2, r5 = 4, r6 = 0, r7 = 0x100

プログラム 6.6 分岐を含むプログラムの演習 1

```
1  0000 bne r1, r2, 0xC
2  0004 sw r1, 0(r7)
3  0008 j 0x8          ; 無限ループ
4  000C sw r2, 0(r7)
5  0010 j 0x10         ; 無限ループ
6  ......
7  0100 0
8  ......
```

プログラム 6.7 分岐を含むプログラムの演習 2

```
1  0000 beq r6, r5, 0xC
2  0004 add r6, r6, r3
3  0008 j 0
4  000C sw r6, 0(r7)
5  0010 j 0x10         ; 無限ループ
6  ......
7  0100 0
8  ......
```

プログラム 6.8 分岐を含むプログラムの演習 3

```
1   0000 add r6, r0, r7
2   0004 lw r3, 0(r6)
3   0008 add r6, r6, r5
4   000C bne r3, r5, -8
5   0010 sw r6, 0(r7)
6   0014 j 0x14         ; 無限ループ
7   ......
8   0100 1
9   0104 2
10  0108 3
11  010C 4
12  0110 5
13  0114 6
14  0118 7
15  011C 8
16  0120 9
17  0124 10   ; 0xA でも同じ
18  0128 11   ; 0xB でも同じ
19  ......
```

プログラム 6.9 分岐を含むプログラムの演習 4

```
1   0000 add r6, r0, r7
2   0004 add r1, r0, r0
3   0008 lw r4, 0(r6)
4   000C add r1, r1, r4
5   0010 add r6, r6, r5
6   0014 sub r2, r2, r3
7   0018 bne r2, r0, -0x10
8   001C sw r1, 0(r7)
9   0020 j 0x20         ; 無限ループ
10  ......
11  0100 1
12  0104 3
13  0108 5
14  010C 7
15  0110 9
16  0114 11   ; 0xB でも同じ
17  0118 13   ; 0xD でも同じ
18  011C 15   ; 0xF でも同じ
19  ......
```

6.9 表 6.7 の命令セットを使って，レジスタ r2 に 32 ビット値 0xAABBCCDD を書き込む命令列を作成せ
よ．

---

* この演習で，各プログラムに j 命令を使った無限ループを使っていることに気付いただろう．これらの無限ループは「プ
ログラムの末端」を実現するために置かれている．プロセッサは，PC で指定されたメモリアドレスから命令をフェッ
チするという作業をひたすら繰り返しているだけである．したがって，これらの無限ループがないと，プログラムの終
わりを知ることなく，「プログラムでない」メモリ領域から読み込まれた値を命令として解釈し，意味のない（危険な）
実行を続けることになってしまう．

6.10 プログラム 6.10, 6.11 をそれぞれ PC = 0 から実行したとき, メモリ 0x100 番地に最終的に書き込まれる値を答えよ. ただし, 表 6.7 の命令セットを用いること.

プログラム 6.10 シフト演算命令演習 1

```
1  0000 ori r1, r0, 0x100
2  0004 ori r2, r0, 0xF0F0
3  0008 sll r2, r2, 16
4  000C sw r2, 0(r1)
5  0010 j 0x10        ; 無限ループ
6  ......
7  0100 0
8  ......
```

プログラム 6.11 シフト演算命令演習 2

```
1   0000 ori r1, r0, 0x100
2   0004 ori r2, r0, 0xF0F0
3   0008 sll r2, r2, 16
4   000C ori r2, r2, 0x0F0F
5   0010 sra r2, r2, 8
6   0014 sw r2, 0(r1)
7   0018 j 0x18         ;無限ループ
8   ......
9   0100 0
10  ......
```

6.11 プログラム 6.12, 6.13 をそれぞれ PC = 0 から実行したとき, メモリ 0x100 番地と 0x104 番地とに最終的に書き込まれる値を答えよ. ただし, 表 6.7 の命令セットを用いること.

プログラム 6.12 総合演習 1

```
1   0000 addi r1, r0, 0x100
2   0004 add r10, r0, r1
3   0008 add r2, r0, r0
4   000C addi r3, r0, 6
5   0010 add r4, r0, r0
6   0014 lw r5, 0(r1)
7   0018 add r4, r4, r5
8   001C addi r2, r2, 1
9   0020 addi r1, r1, 4
10  0024 blt r2, r3, -0x10
11  0028 sw r4, 0(r10)
12  002C sw r2, 4(r10)
13  0030 j 0x30
14  ......
15  0100 1
16  0104 2
17  0108 3
18  010C 4
19  0110 5
20  0114 6
21  0118 7
22  011C 8
23  0120 9
24  ......
```

プログラム 6.13 総合演習 2

```
1   0000 addi r1, r0, 0x100
2   0004 add r10, r0, r1
3   0008 addi r2, r0, 0x4567
4   000C sll r2, r2, 16
5   0010 ori r2, r2, 0x1234
6   0014 addi r3, r0, 8
7   0018 addi r4, r0, 2
8   001C add r5, r0, r0
9   0020 sll r2, r2, 5
10  0024 sra r2, r2, 5
11  0028 sw r2, 0(r1)
12  002C add r6, r0, r3
13  0030 sll r6, r6, 4
14  0034 or r6, r6, r3
15  0038 addi r4, r4, -1
16  003C bne r4, r0, -0xC
17  0040 sw r6, 4(r1)
18  0044 j 0x44
19  ......
20  0100 0
21  0104 0
22  ......
```

88　第 6 章　命令セットとプログラム

CHAPTER 7 ▶ パイプライン処理による高速化

　本章では，プロセッサの高速化手法の代表として，パイプライン処理を取り上げる．パイプライン処理では，各命令の実行過程をより細かい「ステージ」に分割し，そのステージごとに流れ作業的に処理を行うことで，高速化を実現する．その基本となるのは，命令フェッチ，命令デコード，実行，書き戻しという命令実行の各ステージをそのままパイプライン処理に利用するもので，基本命令パイプラインとよばれる．

7.1 ▶ 命令実行の 4 ステージ

　図 7.1 に，コンピュータによるプログラム実行の最重要部分であるプロセッサとメモリのブロック図を示す．図 5.7 と比較すると，PC を制御するシーケンサが追加され，入出力は省略されている．

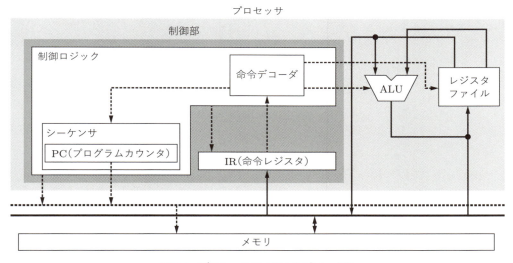

図 7.1　プロセッサとメモリのブロック図

　メモリにはプログラムが置かれており，コンピュータのプログラム実行は，メモリ内のプログラムから命令を 1 個ずつ読み出して処理することで行われる．そして各命令の処理は，5.4 節で学んだように，命令実行の 4 ステージを順にこなしていくことで行われる．この命令実行の 4 ステージを再掲する．

> **四つの命令実行ステージ**
> 1. 命令フェッチ（以下，Fと略す）：メモリから命令を1個読み出し，命令レジスタに格納する．
> 2. 命令デコード（以下，Dと略す）：命令レジスタ内の命令がどんな処理を行うものなのか，命令デコーダが解釈する．
> 3. 実行（以下，Eと略す）：ALUや制御部内の制御ロジックにより，その命令により行われるべき処理を実行する．
> 4. 書き戻し（以下，Wと略す）：実行ステージの結果をレジスタファイルに書き込む．

ここからは，この命令実行を高速化する手法について見ていく．

7.2 パイプライン処理による高速化の原理

それぞれの命令は，命令実行の4ステージを順にこなすことで実行されていくから，時間軸を横にとると図7.2(a)のように命令の実行が進んでいく．ここでは，6個の命令を実行しており，各命令の実行には4ステージを要するから，6命令では24ステージ分の時間がかかる．各ステージが1クロックサイクルで実行できるとすると，6命令では24サイクルが必要になる．

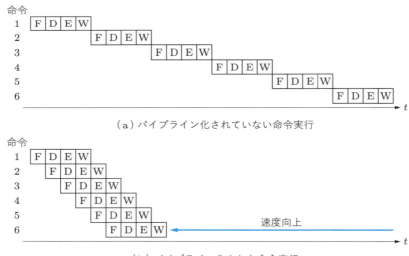

図7.2 基本命令パイプラインによる速度向上

一般に，一つの処理をより細かいステージ（工程）に分割し，ある処理を行いながら，それと並行して次の処理をステージ単位で部分的に行うことで，処理全体を高速化できる．これを，**パイプライン化**といい，パイプライン化された処理を**パイプライン処理**という．大量に製品を作る工場では，一つの製品が完成するのを待たずに，たくさんの「製造中」の部品を製造ライン上に流しながら，それぞれ順番に「完成品」に近付けていく．このような流れ作業もパイプライン処

理の例である.

　同じ原理で，命令の処理についてもパイプライン化が可能である．命令実行がそもそも，命令フェッチ，命令デコード，実行，書き戻しという4ステージに分かれていることから，これをそのままパイプライン処理のステージとして使うことができる．このようなパイプライン処理を，基本命令パイプラインという．基本命令パイプラインによる処理の例を，図7.2(b)に示す．命令1の処理には4サイクルかかるが，後続の命令2以降は，前の命令と並行して処理を進めているため，実質的には命令あたり1サイクルで次々に実行を完了できる．そのため，6命令すべての実行を9サイクルで終えることができている．パイプライン化する前は24サイクルかかっていたのと比較すれば，大幅に高速化されていることがわかる．

　以下では，高速化の程度を定量的に捉えてみよう．パイプライン化前に1命令が4サイクルで処理されている場合，N個の命令を実行するのにかかるクロックサイクル数C_nは，

$$C_n = 4N$$

で表される．これを4ステージからなる基本命令パイプラインで処理する．このとき，最初の命令に4サイクル，後続命令に1サイクルずつかかるから，パイプライン化後のクロックサイクル数C_pは，

$$C_p = 4 + (N - 1) = N + 3$$

となる．パイプライン化する前と後でクロック周波数fが変わらないとすると，パイプライン化する前の実行時間T_nとパイプライン化後の実行時間T_pはそれぞれ，

$$T_n = \frac{C_n}{f}, \quad T_p = \frac{C_p}{f}$$

となる．よって，速度向上率は

$$\frac{T_n}{T_p} = \frac{C_n/f}{C_p/f} = \frac{4N}{N + 3}$$

となる．さらに大量の命令を処理する場合は，Nが十分に大きいものと考えればよいので，

$$\lim_{N \to \infty} \frac{T_n}{T_p} = \lim_{N \to \infty} \frac{4N}{N + 3} = \lim_{N \to \infty} \left(\frac{4(N + 3)}{N + 3} - \frac{12}{N + 3} \right) = 4$$

となり，パイプライン化することで4倍の速度向上率が得られることがわかる．

　一般に，mステージのパイプラインを構成した場合，パイプライン化の前後でクロック周波数が変わらなければ，最高でm倍の速度向上を実現できる．

7.2　パイプライン処理による高速化の原理　　**91**

7.3 基本命令パイプラインのハードウェア構成

基本命令パイプラインとして動作するハードウェア構成をまとめたものを図7.3に示す．

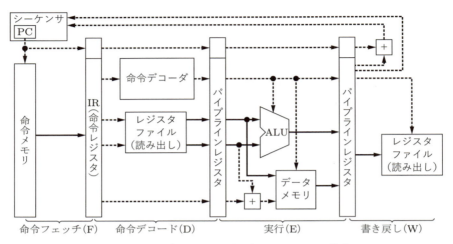

図7.3　パイプライン処理が可能なハードウェア構成

図中の**パイプラインレジスタ**とはフリップフロップで構成されたレジスタのことであり，パイプライン化されたプロセッサのなかで使われるものをこのようによぶ．その役割は，図4.15のフリップフロップと同様に，回路全体をブロックに分離し，同期回路として動作させることである．

図7.3のプロセッサは同期回路として働き，命令レジスタとパイプラインレジスタによって分離された回路ブロックはそれぞれ，命令フェッチ，命令デコード，実行，書き戻しのパイプラインステージに対応する．各回路ブロックが同時並行して個別の命令を処理することで，パイプライン処理は行われる．

パイプライン処理していなかった図7.1と比較して，各ブロックの置かれている位置が変わっているものの，接続されたブロックどうしの関係については大きな違いがないことを，まず把握してほしい．そのうえで，両者の差異は下記のようにまとめられる．

- メモリが命令メモリとデータメモリに分けられている．
- レジスタファイルが，「読み出し」と「書き込み」に分けられている．
- 加算器が2箇所に追加されている．

これらの目的を，それぞれ簡単に説明する．

まずメモリについては，複数のステージからの同時アクセスに対応するために分割されている．一つのメモリで複数のアクセスを同時に受けることはできないから，命令フェッチによるメモリアクセス（命令アクセス）と，lw, sw などのデータ移動命令によるアクセス（データアクセス）が分離されていないと，データ移動命令を実行するときにパイプライン処理を止めなければならない．詳細については，次節で説明する．

続いて，レジスタファイルが読み出し部と書き込み部に分かれているのは，純粋に作図上の理由である．ハードウェアとしてのレジスタファイルが読み出しと書き込みに分かれているわけではなく，図上で読み出しと書き込みを分けて示したほうが，パイプライン動作を理解しやすいため，このように書かれている．

最後に，追加されている二つの加算器について，それぞれの役割説明しよう．データメモリの左にある加算器は，データ移動命令のアドレス計算（`imm + rs`）を行うためのものである．ALUを使ってアドレス計算を行うとすると，データメモリへのアクセスは次のクロックサイクルになってしまうため，データ移動命令の直後の命令を待機させる必要が出てきてしまう．それを避けるためのアドレス計算専用の加算器がこれである．また，図の右上にある加算器は，分岐命令の分岐先メモリアドレスを計算するためのものである．条件分岐命令では，分岐条件を判断するためにALUを使用する．そのため，先述したデータ移動命令のアドレス計算と同様に，分岐先アドレスの計算にALUを使おうとすると1クロックサイクルの待ちが発生してしまう．これを避けるための加算器である．

7.4　パイプラインハザード

7.2節では，パイプラインによる高速化の原理から，mステージのパイプラインを構成した場合，最高でm倍の速度向上を実現できることを見た．それでは，たとえば1000ステージのパイプラインを構成すれば，つねに1000倍の性能が得られるのだろうか？

パイプライン化による性能向上を妨げる原因の一つが，パイプラインハザードである．パイプラインハザードとは，図7.4に示すように，なんらかの理由で実行中の命令が次のパイプラインステージに進めないことをいう．この図では，命令3が命令フェッチステージを終えることができず，命令デコードステージに進めなかった状態を示している．パイプラインハザードが発生すると，その命令の実行が遅延するのはもちろん，後続するすべての命令が次のパイプラインステージに進めずに待たされるため，回復できない遅れが発生してしまう．

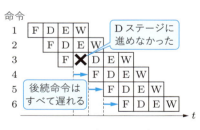

図7.4　パイプラインハザード

パイプライン化されたプロセッサは，つねにパイプライン処理ができるという条件のもとで，最大限の性能を発揮できるよう設計されている．そのため，できるだけパイプラインハザードが発生しないようにすることが求められる．

パイプラインハザードはその発生原因によって，構造ハザード，データハザード，制御ハザー

ドの3種類に分類される．それぞれについて以下で説明する．

7.4.1 構造ハザード

構造ハザードは，限られたハードウェアを複数の命令が同時に使おうとして発生するパイプラインハザードである（ハードウェアを「構造」と捉えることから，この名前が付いている）．

構造ハザードが発生する場合として，たとえば，命令メモリとデータメモリが分離されていない構成を考えることができる．メモリが分離されていないと，命令メモリにアクセスしているときにはデータメモリにアクセスできない．したがって，図 7.5 のように，先行している lw 命令がメモリをアクセスする実行（E）ステージには，後続する命令のフェッチができなくなる．このため，フェッチできない sub 命令は命令フェッチステージの実行が 1 サイクル遅れてしまう．すると，後続のすべての命令も 1 サイクルずつ実行が遅くなってしまう．図 7.3 で示した構成では，命令メモリとデータメモリが分離されているため，構造ハザードは発生しないことに注意してほしい．同様に，図 7.3 で追加された 2 箇所の加算器も，この構造ハザードを避けるための処置であったといえる．

図 7.5　構造ハザード

このように，構造ハザードは，同時に使おうとする命令に対して十分な個数のハードウェアを用意すれば避けることができる．

7.4.2 データハザード

データハザードは，オペランド（ここでは演算に使用するレジスタと思ってよい）のデータ依存関係が原因で発生するパイプラインハザードである．データ依存関係とは，ある命令の使いたいデータが，別の命令の演算結果となっている状況を指す．このような関係を，前者の命令が後者の命令に依存するという．データ依存がある場合，使いたいデータの値が確定するまで，演算の実行を待たなければならないため，ハザードが発生する．

データハザードの具体例を図 7.6 で見てみよう．図 7.3 の構成で演算結果がレジスタファイルに書き込まれるのは，書き戻し（W）ステージである．したがって，命令 1 の add 命令の演算結果がレジスタ r1 に書き込まれるのは，時刻 4 である．ところが，次の命令 2 の sub 命令はレジスタ r1 に書き込まれた値を使って演算を行おうとしている．命令 2 が r1 の値を読み出そうとするのは命令デコード（D）ステージ（時刻 2）であり，この時点ではまだ，命令 1 の命令の演算が終わってすらいない．よって，命令 1 の演算結果が r1 に書き込まれる時刻 4 まで D ステー

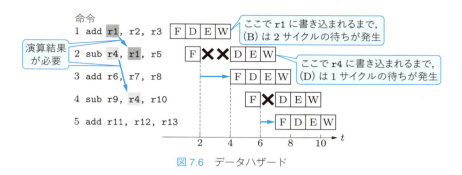

図 7.6 データハザード

ジを遅らせなければならず，2サイクルの待ち，すなわちパイプラインハザードが発生する．このパイプラインハザードは，命令2が命令1にデータ依存していることが原因で発生しているから，データハザードに分類される．

続く命令3にデータ依存はないが，その後の命令4は命令2との間にレジスタ r4 におけるデータ依存がある．2個前の命令に対する依存が問題となるのは，レジスタの読み書きの間に2ステージの時間差がある構成となっているためである．先ほどと同じ理由で，命令4は命令デコードステージを1サイクル遅らせる必要があり，1サイクルのデータハザードが発生する．

7.4.3 制御ハザード

パイプライン処理とは，前の命令に続く命令を次々にフェッチしていく処理方法であった．しかし分岐命令の場合，プログラムカウンタの値を書き変える命令であるから，分岐命令を実行した後でないと，次にフェッチするべき命令のメモリアドレスは確定できない．このため，パイプラインハザードが発生する．この分岐命令が原因で発生するパイプラインハザードは，制御ハザードに分類される．この例を図 7.7 に示す．

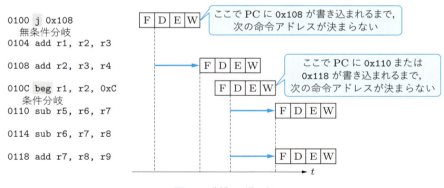

図 7.7 制御ハザード

図中の 0x100 番地の j 命令は無条件分岐命令である．通常の命令であれば，次の 0x104 の add 命令をフェッチするところであるが，分岐命令であるから PC に分岐先アドレス 0x108 が書き込まれるまで待たなければならない．そのため，0x108 番地の add 命令の命令フェッチステージまで，3サイクルのパイプラインハザードが発生してしまう．

7.4 パイプラインハザード　95

続く `0x10C` 番地の `beq` 命令は条件分岐命令である．先ほどの無条件分岐命令 j では，次にフェッチするのが `0x108` 番地の命令であることは確定していた．しかし，条件分岐の場合は，分岐の有無がレジスタ比較の完了までわからない．そのため，分岐命令の実行が完全に終わるまで，次にフェッチする命令のアドレスが確定せず，やはり制御ハザードが発生してしまう．

このように，分岐命令によって起こる制御ハザードは，

- 分岐先のメモリアドレスが確定しない（無条件分岐，条件分岐）
- 分岐するかしないかが確定しない（条件分岐）

という二つの問題からきていることに注意しよう．

7.5 ▶ パイプラインハザードの解消

パイプライン処理による性能向上は，パイプラインハザードが起こらない場合にしか達成されない．したがって，高性能なコンピュータを実現するには，パイプラインハザードができるだけ起こらないようにすることが大事である．以下では，各パイプラインハザードの解消方法について見ていこう．

7.5.1 構造ハザードの解消

構造ハザードは，用意されているハードウェアを複数の命令が同時に使おうとしたときに発生する．根本的な解決には，十分な個数のハードウェアを用意するしかない．

一部の命令だけが使うハードウェアで競合が起こる場合は，命令の実行順を変更すること（これを命令スケジューリングという）によって回避できる場合がある．

7.5.2 データハザードの解消

データハザードは，データ依存関係にある二つの命令が近い距離に存在するときに発生する．したがって，命令スケジューリングによって，依存関係にある命令間の距離を遠ざけることで回避できる場合がある．

また，図 7.3 の構成の場合は，依存のある命令間で（レジスタに値を書き込む前に）直接データを受け渡すことで，データハザードを完全に解消することも可能である．**図 7.8** に示したように，W ステージに演算結果をレジスタに書き込む前であっても，実際の演算結果は E ステージの終わりに ALU から出力されている．そのため，レジスタファイルに書き込む経路とは別にデータを送るための経路を用意すれば，演算結果の値を直後または 2 個後ろの命令に送り込むことができる．このような機構をデータフォワーディングという．

これを実現するハードウェアの例を**図 7.9** に示す．青色の鎖線で示した経路がデータフォワーディングを行うためのもので，データフォワーディングパスとよばれる．図中(a)が 2 個後ろの命令にデータを送る経路，(b)が直後の命令にデータを送る経路である．また，データフォワーディングパスを使うか使わないかを制御する MUX（マルチプレクサ）も必要になる．

96　第 7 章　パイプライン処理による高速化

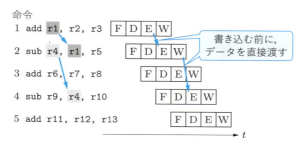

図 7.8　データフォワーディングによるデータハザードの解消

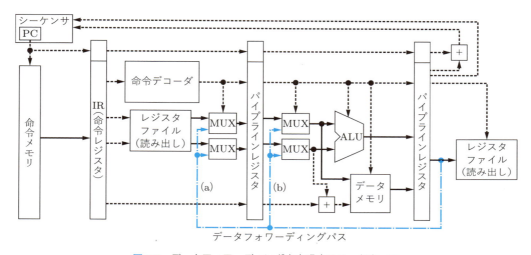

図 7.9　データフォワーディングを実現するハードウェア

図 7.3 の構成では，パイプラインのステージ数が少ないため，適切なデータフォワーディングパスを設置すればデータハザードを完全に解消できる．しかし，ステージ数が多い場合，とくにレジスタファイルのアクセスと実行ステージの間が離れている場合には，必ず解消できるとは限らない．また，理論的には解消できる場合であっても，ステージ数が多くなるとデータフォワーディングパスが複雑になってしまい，実装が難しくなる．

7.5.3　制御ハザードの解消

制御ハザードは，分岐命令の分岐先メモリアドレスと，条件分岐命令の実際の分岐の有無が命令を実行するまでわからないために発生する．この問題を完全に解消することは未来を予知することに等しく，原理的に不可能である．そこで，100％の解消は無理であるとしても，制御ハザードの影響を緩和するために使われる技術が分岐予測である．分岐予測では，

- その分岐命令が分岐するかどうか
- 分岐先のメモリアドレス

を命令フェッチの段階で「予測」する．予測にはフェッチした命令のメモリアドレス（すなわち PC の値）を使い，各分岐命令の過去の分岐履歴をもとに分岐予測を行う．

予測が正しければ，制御ハザードは発生しない．予測が正しくなかった場合は，そのことが判明した段階で，フェッチするべきでなかった命令をパイプラインレジスタから消去する．演算結果をレジスタファイルに反映させていない段階であれば，パイプラインレジスタに入っている値がシステムに影響を与えることはないので，分岐予測が失敗したとしても処理が遅れるだけであり，正しくない結果を出力するといった実行結果への悪影響はない．

7.6 ▶ パイプライン処理による性能向上についての考察

7.4 節の冒頭で，1000 ステージのパイプラインを構築すれば 1000 倍の速度向上を達成できるかという疑問を提示していた．これに対しては，パイプラインハザードのうち，データハザードと制御ハザードの性質から考えることができる．

データハザードは，パイプラインレジスタ内で実行中の命令どうしのデータ依存によって発生する．したがって，パイプラインのステージ数が増加するにつれて，データ依存に関与する命令数が増加し，データハザードの発生する確率が高くなっていく．また，それを解消するためにデータフォワーディングパスを構築しようとすると，ステージ数が多ければそれだけ多数のパイプラインステージにデータを送り込む経路が必要になるから，データフォワーディングパスの複雑化が避けられない．ゆえに，ステージ数が増加すればするほど，データハザードの影響は深刻化してしまう．

また制御ハザードは，分岐命令によって発生する．制御ハザードの影響を緩和するために分岐予測が使われるが，分岐予測のある程度の失敗は避けられない．分岐予測が失敗したときの損失は，失敗が判明したときにパイプラインレジスタに入っていた命令の廃棄であるから，パイプラインのステージ数が多いほど，分岐予測の失敗の影響は深刻となる．

以上のように，データハザードと制御ハザードの影響は，いずれもステージ数が多いほど深刻になる．したがって，過大なパイプラインステージ数は，性能向上につながらないということができ，最初の問いの答えは「いいえ」となる．

▶ 演習問題

7.1 F1, F2, D1, D2, E1, E2, W1, W2 の 8 ステージからなる命令パイプラインがあり，各パイプラインステージを実行するのに 1 サイクルかかるとする．このパイプラインで，以下の(1)から(4)に示した数の命令を処理するのに必要なサイクル数を答えよ．
  (1) 1 命令　　(2) 2 命令　　(3) 10 命令　　(4) N 命令

7.2 図 7.3 のハードウェアで**プログラム 7.1**, **7.2** を実行したとき，0 番地の命令の命令フェッチステージから 0x10 番地の命令の書き戻しステージまでに必要なクロックサイクル数をそれぞれ答えよ．

98　第 7 章　パイプライン処理による高速化

プログラム 7.1　データハザードの演習 1

```
1  0000 add r1, r2, r3
2  0004 add r2, r3, r4
3  0008 add r3, r1, r5
4  000C add r4, r1, r2
5  0010 add r5, r3, r2
```

プログラム 7.2　データハザードの演習 2

```
1  0000 add r1, r2, r3
2  0004 add r2, r1, r4
3  0008 add r3, r1, r5
4  000C add r4, r3, r2
5  0010 add r5, r3, r4
```

7.3　図 7.3 のハードウェアを使って，あるプログラムを実行することを考える．そのプログラムは，5 命令に 1 命令の割合で分岐命令を含み，各分岐命令と次の分岐命令の間には必ず 4 個の非分岐命令が置かれているとする．ただし，プログラム先頭の 4 個の命令は非分岐命令とし，5 番目の命令が最初の分岐命令とする．また，各分岐命令の分岐先は必ず，4 個連続している非分岐命令の先頭の命令になっているとする．

　図 7.3 の構成では，図 7.7 で見たように，分岐命令があると書き戻し（W）ステージの終わりまで，3 サイクルのパイプラインハザードが発生する．また，データハザードは発生しないものとする．

（1）最初の非分岐命令 4 個を実行するのにかかるサイクル数はいくらか．

（2）最初の命令 10 個（5 番目と 10 番目が分岐命令）を実行するのにかかるサイクル数はいくらか．

（3）最初の命令 100 個を実行するのにかかるサイクル数はいくらか．

CHAPTER 8 ▶ キャッシュメモリと仮想記憶

コンピュータの構成の主役は，プロセッサとメモリである．メモリはプロセッサにプログラムを供給するとともに，データの記憶を行う．したがって，高性能なコンピュータを作るには，プロセッサだけでなくメモリの高速化も必要である．一方で，メモリには動作の速さだけでなく，容量の大きさが求められることから，コンピュータの発展とともにメモリの大型化が進んだ．一般的に，大きなものは速く動かせない．そのため，しだいにプロセッサとメモリの間の速度差が広がっていった．キャッシュメモリは，この速度差を緩和するために，プロセッサとメモリの間に置かれる高速なメモリデバイスである．

一方，メモリの容量を超えてしまうような大量の記憶が必要となるプログラムを実行しようとしても，そのままでは不可能である．補助記憶装置を利用して，不足するメモリ容量を補う仕組みの一つが仮想記憶である．

8.1 ▶ キャッシュメモリの必要性

1980 年代までのプロセッサは，メモリと同等のクロック周波数で動作しており，その間の速度差は問題にならなかった．しかし，1990 年代から 2000 年代にかけて，プロセッサのクロック周波数は著しく向上し，プロセッサとメモリの速度差が深刻な問題となった．これは，メモリウォール（Memory Wall）問題とよばれる．

プロセッサやメモリの性能向上は，半導体技術の進歩によるところが大きい．半導体技術の進歩は，デバイスを構成するトランジスタのサイズを縮小させ，単位面積あたりのゲート数を増加させる．プロセッサは，このサイズの縮小をクロック周波数の上昇に用いて，動作速度を向上させてきた．一方，メモリは記憶容量を増加させることに利用した．しかし，記憶容量が大きくなると，制御用の配線長は相対的に増大し，速度向上の妨げとなる．そのため，メモリの速度向上は，プロセッサほどには進まなかった．このような経緯から，メモリウォール問題がコンピュータ全体の速度向上の制約となっていった．

図 8.1 は，2024 年現在での典型的な個人用コンピュータで使用されるプロセッサとメモリについて，アクセス時間の状況を示したものである．現在のコンピュータでは，プロセッサとメモリはそれぞれに異なるクロック信号を使用している．この図ではクロック信号の周波数として，プロセッサは 4.0 GHz，メモリは 2.4 GHz を採用している．このメモリは，クロック信号の立ち上がりと立ち下がりの両方でデータ転送を行う，DDR というモードを想定している．そのため，同図(a)に示すように，クロック信号の観点からはプロセッサとメモリの間に深刻な速度差は存在しないようにも見える．しかし，メモリの 2.4 GHz という高い周波数は，データの転送を連続して行うときの速度を稼ぐためのものである．最初のデータアクセスには，同図(b)のように，メモリクロックで 70 サイクル前後，プロセッササイクルに換算すると 100 サイクル以上

100　第 8 章　キャッシュメモリと仮想記憶

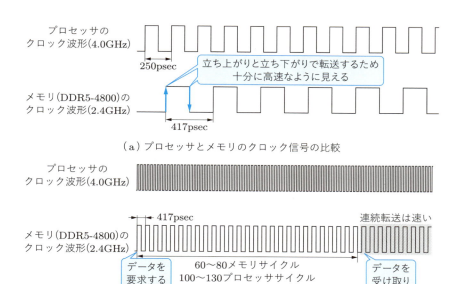

図 8.1 メモリウォール問題

になる待ち時間が必要となる．

前章で学んだパイプライン処理では，命令フェッチがプロセッサのクロック信号における 1 サイクルで完了するのを前提としていた．しかし，現在のメモリをそのまま命令メモリとして使った場合，データの待ち時間を含めると，命令フェッチに 100 サイクル以上を要することになってしまう．そのため，パイプライン化による高速化の効果はまったく得られない．

この問題を解決するために用意されるのがキャッシュメモリである．キャッシュメモリは，プロセッサと同等の速度でアクセス可能な記憶装置である[*1]．先述したように，容量が大きくなると記憶装置の速度は遅くなってしまうため，キャッシュメモリは必然的に小型となる．プロセッサと同等の速度を発揮するキャッシュメモリは，多くの場合 32 キビバイト[*2]以下のサイズであり，メモリとプロセッサの間に置かれる．

これにより，コンピュータの記憶装置は，図 8.2 のように記憶階層（またはメモリ階層）とよ

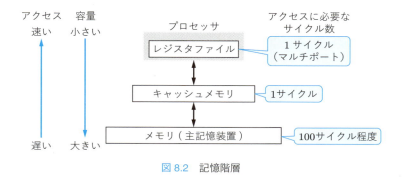

図 8.2 記憶階層

[*1] 後述するマルチレベルキャッシュでは，メモリよりは速いがプロセッサより遅いキャッシュメモリも使われる．
[*2] キビ（Ki）は ×1024 を表す接頭辞．

8.1 キャッシュメモリの必要性

ばれる階層的な構成となる．プロセッサにもっとも近い（実際にはプロセッサと完全に結合して使われる）レジスタファイルは，1サイクル以内にアクセスでき，なおかつ，読み出しと書き込みが同時にできるマルチポートのデバイスである．その次にプロセッサに近い記憶装置であるキャッシュメモリは，1サイクルでアクセスできる高速性をもつが，マルチポートではないのでレジスタファイルほどは速くない．メモリ（主記憶装置）は，図8.1で見たように，アクセスに100サイクル程度の時間がかかる．つまり，キャッシュやレジスタファイルよりもずっと低速の記憶階層ということになる．このように記憶階層は，プロセッサに近いものほど高速，遠くなるほど低速となる．一方，容量に着目すると，メモリ，キャッシュメモリ，レジスタの順に小さくなっていく．

8.2 キャッシュメモリの原理

　キャッシュメモリは，記憶階層のなかではレジスタファイルとメモリの中間に位置する．プロセッサの1サイクルでの高速なアクセスが可能だが，メモリよりはずっと容量が小さくなる．そのため，実用的なプログラムやデータをすべて格納しておくことはできないので，図8.3に示すように，キャッシュメモリにはメモリの一部のコピーを格納し，随時内容を入れ換えながら使っていくことになる．このとき，キャッシュ全体をひとかたまりとして管理するのではなく，キャッシュライン*とよばれる，16バイトから128バイトの小さな単位ごとに入れ換えを行う．各キャッシュラインには，メモリからコピーされた命令やデータを格納する．これにより，次に同じデータを使うときには，低速なメモリにアクセスせず，高速なキャッシュのみへのアクセスで済むようになる．なお以下では，キャッシュの内容に関しては，命令も「データ」と表記する．

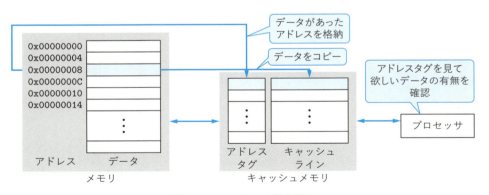

図8.3　キャッシュの基本原理

　キャッシュラインにはデータが収められていくが，そのデータがメモリのどこからもってきたものなのかがわからないと使うことができない．このため，各キャッシュラインには，アドレスタグとよばれる，そのデータが元々置かれていた場所のメモリアドレスを保持しておくためのタグが用意されている．データのコピーと同時にアドレスタグを埋めておけば，後でプロセッサが

＊　キャッシュブロックとよばれることもある．

キャッシュにアクセスするときには，アドレスタグを見れば欲しいデータがキャッシュ内に置かれているかどうかを確認できる．

プロセッサからアクセスしようとしたデータのメモリアドレスと，キャッシュラインの一つのアドレスタグが一致することを，**キャッシュヒット**という．この場合，欲しいデータがそのキャッシュラインに含まれていることがわかるので，そのデータを使えばメモリへのアクセスの必要がなくなる．

逆に，プロセッサからアクセスしようとしたデータのメモリアドレスが，キャッシュラインのどのアドレスタグにも一致しないことを，**キャッシュミス**という．この場合，欲しいデータがキャッシュ内になかったということになる．よって，メモリへのアクセスが必要となるため，それが完了するまでプロセッサは待たされる．

キャッシュメモリへのアクセス回数に対するキャッシュヒット回数の割合を，キャッシュヒット率，または単に**ヒット率**という．同様に，アクセス回数に対するキャッシュミス回数の割合を，キャッシュミス率，あるいは**ミス率**という．一般に，以下の関係が成り立つ．

$$\text{キャッシュヒット率} = \frac{\text{ヒット回数}}{\text{アクセス回数}} = \frac{\text{ヒット回数}}{\text{ヒット回数} + \text{ミス回数}}$$

$$\text{キャッシュミス率} = \frac{\text{ミス回数}}{\text{アクセス回数}} = \frac{\text{ミス回数}}{\text{ヒット回数} + \text{ミス回数}}$$

8.3 ▶ キャッシュメモリの構成

キャッシュメモリのハードウェア構成方式は3種類に大別され，それぞれ，フルアソシアティブ方式，ダイレクトマップ方式，セットアソシアティブ方式とよばれる．プロセッサからキャッシュへのアクセスは，次の手順で行われる．

1. プロセッサがアクセスしたいデータのメモリアドレスを提示する．
2. 提示されたアドレスから，データが置かれている可能性のあるキャッシュラインを限定する（**インデキシング**という）．
3. インデキシングされたアドレスタグの内容と，プロセッサから渡されたアドレスを比較し，一致すればヒットとなる．
4.A キャッシュヒットの場合：ヒットしたラインからデータをプロセッサにデータを供給する（書き込みアクセスのときは書き込みを行う）．
4.B キャッシュミスの場合：メモリにアクセスしてデータを取得し，いずれかのキャッシュラインに格納するとともに，プロセッサにデータを渡す（格納先のキャッシュラインは，手順2でインデキシングされたラインのいずれかである）．

では，それぞれの構成方式を順番に見ていこう．

8.3.1 フルアソシアティブ方式

フルアソシアティブ方式では，上記の手順 2. でのインデキシングを行わない．したがって，図 8.4 に示すように，キャッシュミスが起こったときには，どのキャッシュラインにデータを置いてもよい．また，キャッシュヒットの判定は全キャッシュラインに対して行わなければならない．

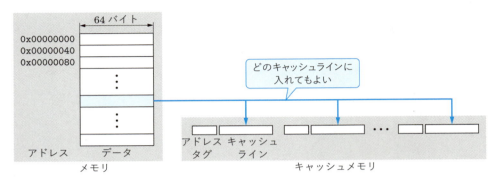

図 8.4 フルアソシアティブ方式のキャッシュ

図 8.4 では，1 本のキャッシュラインに 64 バイトのデータが入るとしている．キャッシュライン 1 本あたりに格納されるデータの量をキャッシュラインサイズ（またはライン長）という．また，キャッシュの全ライン合計の格納データ量をキャッシュサイズという．たとえば，ラインサイズ 64 バイトのキャッシュラインが 8 本で構成されたキャッシュのキャッシュサイズは 512 バイトである．キャッシュ内のラインの本数の総計を，そのキャッシュのライン数という．

ラインサイズはキャッシュデータの管理における単位となるから，図 8.4 ではキャッシュに置かれるデータはすべて 64 バイト単位で管理される．一方，メモリアドレスは 1 バイト単位で振られているから，メモリから見ると，キャッシュラインサイズに合わせて 64 バイトおきのメモリアドレスでアクセスを受けることになる．同図のメモリのアドレスが 0x40（10 進数では 64）刻みとなっているのは，そのためである．プロセッサからアクセスしたいデータのメモリアドレスが渡されると，この 64 バイト刻みのメモリアドレスと全キャッシュラインのアドレスタグを比較し，一致するものがあればキャッシュヒットとなる．

フルアソシアティブ方式のキャッシュを実装するためのハードウェア概略を図 8.5 に示す．フルアソシアティブ方式ではインデキシングが行われないため，キャッシュヒットの判定をするには，プロセッサから与えられたメモリアドレスと，全キャッシュラインのアドレスタグが等しいかの比較をしなければならない．このとき，各アドレスタグの比較を順番に行っていたのでは時間がかかってしまい，1 サイクルでのアクセス完了という所定の目的が達成できない．そこで，比較器（CoMParator，略して CMP）というハードウェア*を全アドレスタグにそれぞれ用意し，並列にアドレスタグ比較を完了させなければならない．また，出力側には MUX（マルチプレクサ）を用意し，ヒットが起こったキャッシュラインを選択する必要がある．このように，フルア

＊ あるいは，CAM（Content Addressable Memory）という特別なメモリを使ってアドレスタグを構成する方法もある．

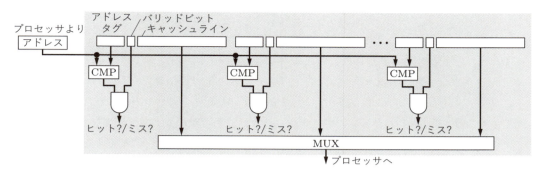

図 8.5　フルアソシアティブ方式のキャッシュのハードウェア

ソシアティブキャッシュを構成するのはハードウェアコストが高くなる．

　キャッシュメモリは，実行開始時には有効なデータが入っておらず，要するにからっぽの状態である．有効な中身が入っているかいないかを識別できるようにするため，各キャッシュラインには**バリッドビット**が設置される．バリッドビットが 1 のときはデータが有効，0 のときは無効を表す．実行開始時はすべてのバリッドビットを 0 にしておき，有効なデータが入っていないことを示す．キャッシュヒットと判定されるのは，CMP による比較が一致し，かつバリッドビットが 1 のときであるから，CMP とバリッドビットの出力に AND ゲートがつながれている．

8.3.2　ダイレクトマップ方式

　フルアソシアティブ方式は，インデキシングを行わず，いつでも任意のキャッシュラインにデータを入れることができる構成方式であった．それに対して，インデキシングにより，アクセスするキャッシュラインを 1 本に絞り込む構成方式が**ダイレクトマップ方式**である．

　図 8.6(a)は，ラインサイズ 64 バイト，ライン数 4 本のダイレクトマップ方式の例である．プロセッサから与えられたアクセスが，そのメモリアドレスによって，必ず 4 種類の「色」のどの領域に所属するかを決めて，その同じ「色」のキャッシュラインに格納する．このように，メモ

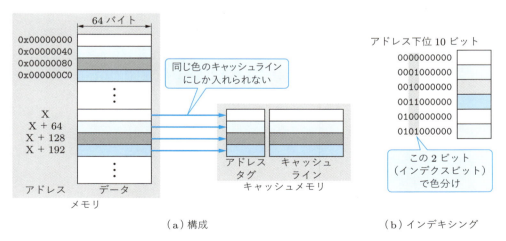

（a）構成　　　　　　　　　　　（b）インデキシング

図 8.6　ダイレクトマップ方式のキャッシュ

8.3　キャッシュメモリの構成　　**105**

リアドレスによってラインを選ぶ手続きがインデキシングである．実際のインデキシングは，もちろん「色」によって行われるわけではなく，同図(b)のように，アドレスビットの中央にある $\log_2 L$ ビット（L はライン数）によって決まる．

　ダイレクトマップ方式のキャッシュでは，各アクセスの標的となるラインがインデキシングによって1本に絞り込まれるので，図 8.7 に示すとおり，キャッシュヒットの判定に使う CMP は1組でよくなり，キャッシュラインの内容をプロセッサに送る際の MUX も不要になる．したがって，フルアソシアティブ構成に比較して，ハードウェアコストを大幅に低減できる．

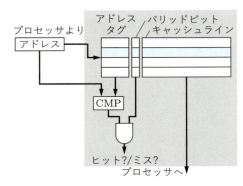

図 8.7　ダイレクトマップ方式のキャッシュのハードウェア

　一方，各キャッシュアクセスに対して，メモリアドレスにもとづくインデキシングによって，ただ1本のキャッシュラインに絞り込んでしまうため，ほかに空いているキャッシュラインがあったとしても，そのラインは使えない．このため，フルアソシアティブ方式に比較すると，キャッシュヒット率が悪化してしまうことが多い．

8.3.3　セットアソシアティブ方式

　フルアソシアティブ方式はハードウェアが複雑になるという欠点をもち，ダイレクトマップ方式はキャッシュヒット率がよくないという欠点をもつ．そのため，実際のハードウェアでは，両者の中間の構成方式であるセットアソシアティブ方式が採用されることが多い．図 8.8 に，セットアソシアティブ方式のキャッシュの例を示す．この方式では，ダイレクトマップ方式と同じように，インデキシングによってキャッシュラインの絞り込みを行う．ただし，ただ1本のラインに絞り込んでしまうのではなく，複数のラインの選択肢を残すようにする．この絞り込み対象の数を way 数という．同図の例では，2本のラインに絞り込んでいるので 2-way セットアソシアティブ方式とよばれる．

　2-way セットアソシアティブ方式のキャッシュのハードウェア例を図 8.9 に示す．セットアソシアティブ方式では，way 数に等しい個数の CMP と，出力側の MUX が必要である．しかし，way 数を極端に大きくしない限り，ハードウェア的な負担は大きくならない．また，2-way や 4-way 程度であっても，ダイレクトマップ方式に比べてヒット率を大きく改善できることが知られている．

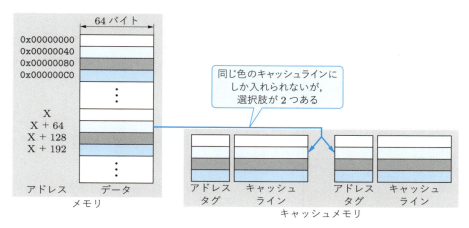

図 8.8　セットアソシアティブ方式（2-way）のキャッシュ

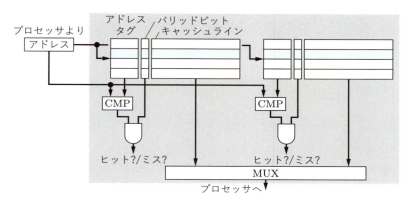

図 8.9　セットアソシアティブ方式（2-way）のハードウェア

　ダイレクトマップ方式やセットアソシアティブ方式では，メモリアドレスの一部をインデキシングに使用する．メモリのアドレスビットが，キャッシュアクセスのときにどのように使われるかを図 8.10 に示す．最下位の $\log_2$（ラインサイズ）ビットは，各ライン内でのバイト位置を示すビットであり，キャッシュアクセス後にキャッシュから供給されたデータの何番目のバイトであるかを特定するために使われる．それより上位の $\log_2$（way 内ライン数）ビットが，インデキシングに使われる．また，残った上位ビットがアドレスタグに格納しなければならないビットであり，CMP でのヒット/ミスの判定にもこの部分が使われる．

図 8.10　キャッシュアクセス時のアドレスビットの使用

8.3.4　各キャッシュの構成方式の長短

　3 種類の構築方式にはそれぞれ長所と短所があり，以下のように，用途によって使い分けられる．

- フルアソシアティブ方式は，キャッシュライン選択の自由度がもっとも高いことから，キャッシュヒット率に優れている．一方，ハードウェアコストが高く，ライン数が増えたときにアクセス時間を短縮するのが難しいため，大きなキャッシュサイズと高速な実装は両立できない．そのため，小さなキャッシュサイズでキャッシュヒット率を高める用途で使われる．
- ダイレクトマップ方式は，ハードウェアコストが低く，キャッシュサイズを大きくしても速度が低下しにくい．一方，キャッシュラインはインデキシングにより1本に絞られてしまい，選択の自由度がない．そのため，キャッシュヒット率は低下しがちである．したがって，ヒット率に目をつぶってでも，大容量で高速な実装をしたい場合に使われる．
- セットアソシアティブ方式は，両者の特長を併せもっており，2-way から 8-way のものが広く使われる．

8.4 ▶ メモリアクセスの局所性

プログラムによるメモリアクセスは，命令フェッチのためのものと，データ移動命令によるデータの読み書きのためのものがある．これらのアクセス先は完全にランダムではなく，局所性とよばれる次の2種類の性質が見られる．

> - **時間的局所性**：一度アクセスがあったメモリアドレスには，近い将来に再びアクセスがある可能性が高い．
> - **空間的局所性**：アクセスがあったメモリアドレスの近くのアドレスに次のアクセスがある可能性が高い．

命令フェッチに関しては，プログラムに多く存在するループや何度もよばれる関数は時間的局所性の例である．また，基本的にプログラムはメモリ内の命令を上から順に処理していくので，命令フェッチは強い空間的局所性をもつといえる．

データアクセスに関しては，使用中の変数は何度もアクセスされるのがふつうであるから時間的局所性が強い．また，配列，構造体，クラスなどのデータ構造は，データアクセスに空間的局所性をもたらすといえる．

キャッシュメモリは，一度使ったデータをためておいて，次の使用に備えるものであるから，そもそも時間的局所性のないアクセスには有効性が低い．また，ラインサイズ分のデータをまとめて扱っているのは，空間的局所性を活用するためである．このように，キャッシュメモリの必要性やその有効性に関する判断は，対象プログラムのメモリアクセスの局所性の影響を大きく受けることを知っておこう．

8.5 ▶ 置き換えアルゴリズム

ダイレクトマップ方式のキャッシュメモリでキャッシュミスが発生した場合，新たにメモリか

ら取得されたデータは，インデキシングにより選択された1本のキャッシュラインに格納される．もし，そのキャッシュラインにすでにデータが置かれていた（バリッドビットが1だった）場合には，以前に置かれていたデータはキャッシュから追い出されてしまう．このように，古いデータを追い出して新しいデータを入れることを，キャッシュラインの置き換えという．先述したように，ダイレクトマップ方式では置き換えの自由度がないため，キャッシュヒット率が低下してしまうことが多い.

セットアソシアティブ方式やフルアソシアティブ方式では，置き換えの際に，複数のキャッシュラインから1本を選ぶことになる．どのキャッシュラインを置き換えるかを決定するアルゴリズムを，置き換えアルゴリズムという．このときに，なるべく「将来使わない」あるいは「当分，使わない」ものを選ぶようにすれば，キャッシュヒット率を高めることができるはずである．しかし，これは未来を予測することに等しく，理想的な置き換えアルゴリズムを実装することはできない．代替策として，次の手法がよく用いられる.

- FIFO：もっとも古くからキャッシュ内にあるものを追い出す.
- LRU：最後に使われてからもっとも長い時間がたったものを追い出す.
- ランダム：ランダムに追い出す.

一般的にはLRUが良好なヒット率を示すとされるため，この方式がよく使われる.

8.6 ▶ マルチレベルキャッシュメモリ

半導体技術の進歩により，プロセッサと同一の半導体チップ上にキャッシュメモリを置けるようにもなった（オンチップキャッシュという）．近年では，メモリウォール問題の悪化を解決するために，複数のキャッシュメモリを記憶階層のなかに取り込んでいく（マルチレベルキャッシュという）ことが一般化している．図8.11に，マルチレベルキャッシュの例を示す．マルチレベルキャッシュ構成では，プロセッサに近い側からL1, L2, L3とよばれるキャッシュメモリを順に配置していく*.

L1キャッシュについては，パイプライン処理との兼ね合いから，命令キャッシュとデータキャッシュを分離していることが多い．命令キャッシュはIキャッシュ（IはInstruction（命令）を意味する），データキャッシュはDキャッシュ（DはDataを意味する）と表記されることがある．詳細は次節で述べる.

L2およびL3キャッシュは，L1キャッシュよりもアクセス時間が長いかわりにキャッシュサイズを大きくしている．これらのキャッシュは，L1キャッシュのミスにより1サイクル以内の瞬時のアクセスができなかった場合でも，大幅に遅いメモリにアクセスするよりは中速程度のキャッシュにアクセスするほうがずっと時間が省略できるために置かれている.

現在は，一つの半導体チップ上に複数のプロセッサコアを配置するマルチコアプロセッサも一

＊ L1はレベル1，あるいはエル1などと読む．ほかも同様である.

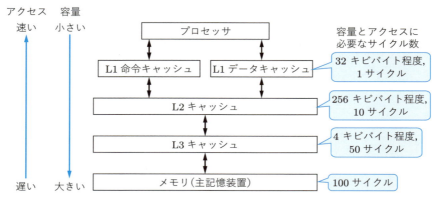

図 8.11　マルチレベルキャッシュメモリの例

般化している．その場合，L1 キャッシュは各プロセッサコア専用とし，L2, L3 キャッシュについてはプロセッサコアどうしで共有する構成となっていることが多い．

8.7　パイプライン処理とキャッシュメモリ

　以上を踏まえると，キャッシュをもつパイプライン処理可能なプロセッサの構成は，図 8.12 のようになる．構造ハザードが発生しないように，命令メモリとデータを分けるかわりに，L1 命令キャッシュと L1 データキャッシュを分離し，それぞれ命令フェッチステージと実行ステージでアクセスできるようにする．もちろん，パイプラインハザードを発生させないためには，L1 命令キャッシュも L1 データキャッシュも 1 サイクルでアクセス可能となっていなければいけない．

　L1 キャッシュでキャッシュミスした場合は，パイプラインハザードが発生する．このパイプ

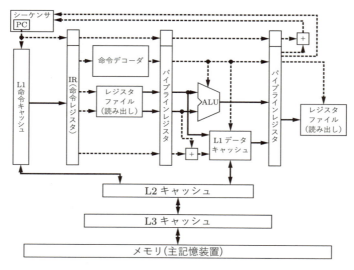

図 8.12　キャッシュをもつ命令パイプライン

ラインハザードがなるべく短時間で解消されるように，L2, L3 キャッシュが用意されている．いずれにせよ，パイプラインハザードは発生してしまっているので，L2 以下で命令キャッシュとデータキャッシュを分離することは少ない．

8.8 エンディアン

メモリアドレスは，1 バイト単位で振られている．一方，本書で想定しているプロセッサは 32 ビットレジスタをもっているから，各レジスタには 4 バイトの値が格納される．メモリとレジスタの間のデータ受け渡しには，データ移動命令（lw, sw）が使われる．このとき，たとえば lw 命令でアドレス 0x100 番地を指定すると，0x100 番地から 0x103 番地の値が，メモリからキャッシュを経由して読み出され，プロセッサ内のレジスタに格納される．さて，このときメモリから読み出された値は，どのような順序でレジスタに入っていくのだろうか？

バイト単位でのデータの扱い方をエンディアン（またはバイトオーダー）といい，図 8.13 に示す二つの流儀がある．メモリアドレス順（この例では 100 から 103 の順）に，レジスタの大きい側の桁（MSB 側）から格納していく流儀をビッグエンディアンという．逆に，メモリアドレス順に，レジスタの小さい側の桁（LSB 側）から格納していく流儀をリトルエンディアンという．

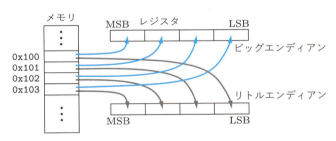

図 8.13　エンディアン

1 台のコンピュータのなかでエンディアンが異なっていることはない．そのため，一般ユーザやプログラマは通常，使われているエンディアンを気にする必要はないが，ほかのコンピュータ（ほかの種類のプロセッサ）とバイナリ値を通信などで受け渡す場合には注意が必要である．

8.9 仮想記憶

キャッシュメモリは，メモリの速度が遅いという問題を緩和するための工夫であった．一方，メモリの容量がプログラムの要求する容量よりも小さい場合，キャッシュメモリがあったとしても，このままではそのプログラムを実行することができない．メモリの容量が足りない場合への緩和策として有効な仕組みが，仮想記憶である．

仮想記憶では，コンピュータに実装されている，ハードウェアとして実体のあるメモリを物理

メモリとよび，物理メモリのメモリアドレスを**物理アドレス**という．さらに，この物理アドレスによって指定されるメモリ空間を**物理アドレス空間**という．プログラムが大量のメモリを使っていくと，最終的には図 8.14 に示すように，物理アドレス空間がすべて使われているという状況になる．仮想記憶とは，物理アドレス空間を使い尽くしてしまったとき，一部のメモリ領域に記憶されているデータを補助記憶装置に退避することで空き領域を作り，物理アドレス空間よりも大きな仮想的なメモリアドレス空間を使えるようにする手法である．この仮想的なアドレス空間を**仮想アドレス空間**とよび，仮想アドレス空間のメモリアドレスを**仮想アドレス**という．

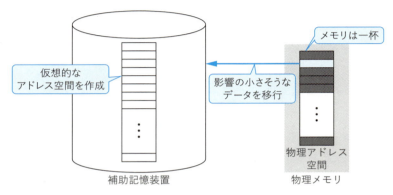

図 8.14　仮想記憶の狙い

この仕組みでは，実行中のプログラム（以下では**プロセス**とよぶ）は，つねに仮想アドレスを使ってメモリにアクセスし，それを毎回，物理アドレスに変換する作業が必要となる．したがって，仮想アドレス空間と物理アドレス空間の間のマッピング（対応関係）をつねに管理しておかなければならない．さらに現代のコンピュータでは，複数のプロセスが並行して動作する，マルチプログラミング（マルチプロセス）環境が一般的である．そのため仮想記憶の実現には，図 8.15 のように，プロセスごとに独立した複数の仮想アドレス空間と単一の物理アドレス空間の間でのマッピングを管理する必要がある．この図では，各プロセスはそれぞれ 0 番地から V_{max} 番地までの十分に大きな仮想アドレス空間をもち，その一部がサイズ（$P_{\mathrm{max}} + 1$）の物理アドレス空間に置かれている．

仮想記憶を用いることで，各プロセスは限られたサイズしかない物理アドレス空間よりも大きなアドレス空間を使うことができる．また，仮想アドレス空間はプロセスごとに独立しているから，単一の物理アドレス空間を使っているにもかかわらず，メモリ内のデータをほかのプロセスから保護することもでき，メモリ利用の安全性を高めることができる．

なお，この仮想記憶の仕組みによって，物理アドレス空間として搭載されたメモリよりも多くのメモリを仮想的に使えるようになる．しかし，一般に補助記憶装置の読み書きの速度はメモリの 10～100 分の 1 である．そのため，補助記憶とのやりとりが多発するようなプロセスを実行する場合は，大幅な実行速度の低下を覚悟しなければならない．

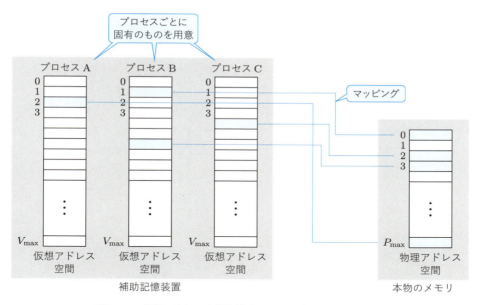

図 8.15　仮想アドレス空間と物理アドレス空間のマッピング

8.9.1　ページング

　仮想記憶の代表的な実装方法が，ページングである．ページングの最大の特徴は，仮想アドレスと物理アドレスの間のマッピングを，メモリページという固定サイズの領域を単位として行うことである．メモリページの大きさをページサイズといい，仮想アドレス空間と物理アドレス空間は，ページサイズごとにメモリページに均等に区分される．また，仮想アドレス空間でのメモリページを仮想ページ，物理アドレス空間でのメモリページを物理ページという*．これらのページには先頭から順に，それぞれ仮想ページ番号，物理ページ番号という番号を付ける．この番号の対応を管理することで，ページングは実装される．ページングの概念を図 8.16 に示す．

　各仮想ページについて，それらが物理アドレス空間に置かれているか，置かれているならばどの物理ページにマッピングされているかの情報を，プロセスごとに用意されるアドレス変換表（ページテーブルともよばれる）によって管理する．アドレス変換表には，各仮想ページについて，物理ページ番号用のフィールドと，V フラグとよばれるフラグが準備されている．V フラグは，その仮想ページが物理アドレス空間にマッピングされているか，それとも補助記憶装置に置かれているかを表すフラグビットである．

　仮想アドレス空間と物理アドレス空間を分割する単位となるページサイズは，2 のベキ乗となるよう定める．すると，2 進数で表されるアドレスの特定の桁を境界として，アドレスの上位がページ番号，下位がページ内での位置（ページオフセット）となる．アドレス空間が 32 ビット，ページサイズが 4 キビバイトの場合の例を図 8.17 に示す．ページオフセットの 12 ビットは，ちょうど 16 進数 3 桁に対応するから，この場合は 16 進数表記でもわかりやすい．

---

* ページサイズとしては，4〜16 キビバイトが使われる．

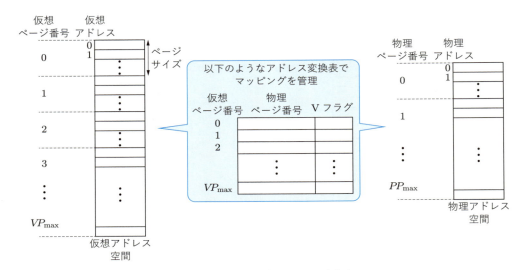

図 8.16　ページングとアドレス変換表

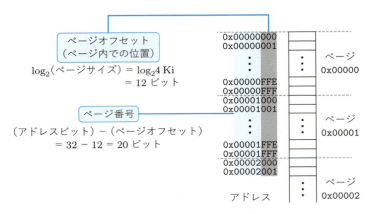

図 8.17　仮想記憶のアドレスビット

プロセス実行中に，物理アドレス空間にマッピングされていない仮想ページへのアクセスが発生した場合，そのままそのプロセスを実行することはできないため，ページフォルト例外（割り込み）が発生する．割り込み処理については 10.3 節で詳述する．

割り込みを処理するプログラムが，そのページを物理アドレス空間に置いてアクセスできるようにする．この操作はスワップイン（またはページイン）とよばれる．このとき，もしスワップインするための空きページが物理アドレス空間にないならば，物理アドレス空間内のページを 1 個選び，補助記憶装置に追い出す必要がある．この操作をスワップアウト（またはページアウト）という．どのページをスワップアウトするかを決定するやり方を，ページ置き換えポリシーという．ページ置き換えポリシーとしては LRU（Least Recently Used；最後に使われてからの経過時間がもっとも長いものを選ぶ方式）が優れているとされるが，実装が難しいため，かわりに似た動作をする擬似 LRU がよく使われる．

8.9.2 アドレス変換

ページングによる仮想記憶を使っているシステムでは，命令フェッチやデータの読み書きなどの各プロセスが扱うメモリアドレスはすべて，仮想アドレス空間のものである．したがって，プロセッサがメモリにアクセスする場合，仮想アドレス空間のメモリアドレスをその都度物理アドレス空間のメモリアドレスに変換しなければならない．この処理を**アドレス変換**という．

アドレス変換に関連するハードウェアを図 8.18 に示す．アドレス変換を主体的に行うハードウェアが MMU（Memory Management Unit）であり，現代のコンピュータではプロセッサに内蔵されている．プロセッサからメモリ（およびオンチップキャッシュ）に送られる仮想アドレスはすべて，この MMU によって物理アドレスに変換される．

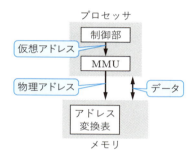

図 8.18　アドレス変換に関連するハードウェア

アドレス変換を伴うメモリアクセスの流れを，図 8.19 を使って説明する．

(1) プロセッサの制御部からの仮想アドレスが MMU に渡される．
(2) MMU はアドレス変換を行うために，メモリ上のアドレス変換表にアクセスする．
(3) アドレス変換表を見ることにより，仮想ページ番号に対応する物理ページ番号を知ることができ，それが MMU に渡される．
(4) もとのメモリアドレスの上位ビット（仮想ページ番号部分）を物理ページ番号に置き換えることで，アドレス変換が完了する．
(5) この物理アドレスをメモリに渡す．

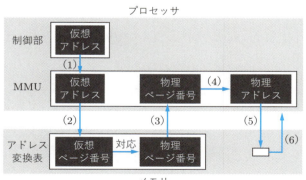

図 8.19　アドレス変換の手順

(6) もとのメモリアクセスの対象だったメモリアドレスにアクセスする．

以上のアドレス変換を伴う流れは，すべて MMU によって行われるものであるから，各プロセスのプログラムからは隠されており，各プロセスからはあたかも仮想アドレスで示されるメモリアドレスに直接アクセスしているかのように見える．これを，メモリの仮想化という．

8.9.3 TLB

前項でアドレス変換の流れを紹介したが，この方法でアドレス変換を行ったとすると，メモリアクセスのたびに，MMU がメモリに置かれているアドレス変換表にアクセスしなければならない．プロセッサにとってメモリアクセスは非常に長い時間を要するため，1 回のメモリアクセスのたびに追加でメモリアクセスが必要になるのは都合が悪い．

そこで，キャッシュメモリを用意したのと同じ発想で，メモリアクセスの低速性を緩和するためにアドレス変換表のためのキャッシュを用意するのは自然な考え方であろう．このキャッシュを TLB（Translation Lookaside Buffer）という．図 8.20 に示すように，TLB は MMU だけが使用するアドレス変換専用のキャッシュである．キャッシュヒットの場合と同じように，TLB にヒットした場合は，アドレス変換表にアクセスすることなく，アドレス変換を完了することができる．

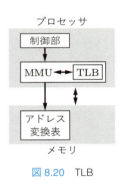

図 8.20　TLB

▶ 演習問題

8.1　キャッシュヒット回数が 100000 回，キャッシュミス回数が 2500 回だったとき，ヒット率とミス率はそれぞれ何％になるか．

8.2　7.3 節の基本命令パイプライン処理を行うプロセッサについて，次の問に答えよ．ただし，実行する命令に，データメモリへのアクセスが必要であるデータ移動命令は存在せず，データハザードと制御ハザードは発生しないとする．また，命令フェッチに必要なサイクル数は，キャッシュヒットの場合 1 サイクル，キャッシュミスの場合 100 サイクルであるとする．

  (1) すべての命令フェッチがキャッシュヒットしたとき，100 個の命令を実行するのに何サイクルかかるか．

  (2) すべての命令フェッチがキャッシュミスしたとき，100 個の命令を実行するのに何サイクルかかるか．

(3) 命令フェッチのうち 90%がキャッシュヒット，10%がキャッシュミスだったとすると，100
個の命令を実行するのに何サイクルかかるか．

8.3 アドレスビット数を 32 ビットとするコンピュータで，キャッシュラインサイズ 64 バイト，ライン
数 4 のダイレクトマップ方式のキャッシュを使用しているとする．8.3.3 項で示したように，この
キャッシュに対するアドレスビットは，タグに 24 ビット，インデキシングに 2 ビット，ライン内
バイトに 6 ビットが使われる．

開始時のキャッシュアドレスタグとバリッドビットの状態を次の表のとおりとしたとき，下の (1)
から (8) のメモリアドレスへのアクセスがそれぞれヒットになるかミスになるかを答えよ．なお，(1)
から (8) のアクセスが連続して行われてキャッシュミスの際に内容が更新されていくのではなく，
それぞれのアクセスが，下表の状態に対して直接，独立に行われるものとする．

アドレスタグ	バリッドビット
0x011090	1
0x02A000	1
0xFF10FF	1
0x000010	1

(1) 0x00030014　　(2) 0x01109080　　(3) 0x01109000　　(4) 0x02A00030

(5) 0x02A00070　　(6) 0x02A000B0　　(7) 0x000010F0　　(8) 0x000010CC

CHAPTER 9 ▶ 命令レベル並列処理

プロセッサの高速化手法として，第7章ではパイプライン処理について学んだ．コンピュータの高速化手法として，パイプライン処理と並んで重要なのが並列処理である．本章では，プロセッサの高速化手法として広く用いられる命令レベル並列処理について扱う．

9.1 ▶ 並列処理の粒度

並列処理とは，複数の処理を同時に行うことである．コンピュータの並列処理は，同時に処理される対象の粒度（大きさ）に応じて，大きく次のように分類される．

- **プログラムレベル**：別プロセスとして実行されるプログラムを並列に実行．
- **スレッドレベル**：一つのプログラム内のプログラムの断片（関数，ループなど）を並列に実行．
- **命令レベル**：一つのプログラム内の個々の命令ごとに並列に実行．

プログラムレベルの並列処理では，別プロセスのプログラムを同時に実行する．それぞれ別のコンピュータで平行して複数のプログラムを同時に実行することを考えるとイメージしやすいだろう．なお，現在ではマルチコアプロセッサが一般化しており，1台のコンピュータ内でもプログラムレベル並列処理が自然に行われている*．

スレッドレベルでは，一つのプログラム内での並列処理を行う．一つのプログラム内で並列実行できる箇所をそれぞれ独立した処理単位（スレッド）として扱う．それらのスレッドを複数のプロセッサ，もしくはマルチコアプロセッサ内の複数のコアが並列に処理し，速度を向上させる．

命令レベルでも，一つのプログラム内での並列処理を行う．スレッドレベルとの違いは，コンパイラや実行ハードウェアが並列実行できる命令を抽出し，それらをプロセッサ内の複数の演算器を使って同時に処理することである．

このように，プログラムレベルとスレッドレベルの並列処理では，複数のプロセッサが使われる．一方で，単一プロセッサによる並列処理としては，命令レベルが主流である．

第7章で扱った命令パイプラインも広い意味では並列処理に含まれるが，本章で扱う命令レベル並列処理は，一つのパイプラインステージで複数の命令を同時に処理するところが大きく異なっている．

---

* プロセッサが1個しかない場合でも，複数プロセスを取り換えながら実行する仮想化（これを時間多重化という）により，ユーザから見ると同時に（並列に）処理しているように見えることがある．このような形態の処理は並行処理とよばれる．並列処理は並行処理に含まれる．

118　第9章　命令レベル並列処理

9.2 命令レベル並列処理の分類

命令レベル並列処理では，1個のプロセッサを用いて，複数の命令を並列に実行する．そのために必要なハードウェア構成の概念図を図 9.1 に示す．この構成は，最大で 2 個の命令を同時に実行するものである．命令レベル並列処理とパイプライン処理はそれぞれ独立した概念であるが，通常，命令レベル並列処理を行うプロセッサは高速化を指向しているから，パイプライン処理も併せて採用している．

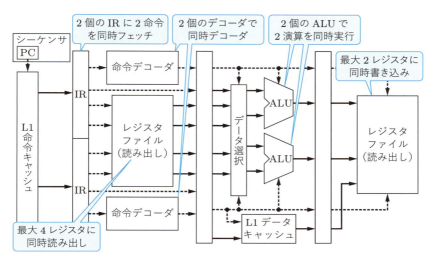

図 9.1　命令レベル並列処理を行うハードウェアの概念図

2 命令を並列実行するためには，2 命令を同時にフェッチしなければならないから，IR（命令レジスタ）を 2 個用意して，命令キャッシュから並列に 2 命令をフェッチする．

フェッチされた 2 命令をそれぞれ独立にデコードするために，命令デコーダも 2 個用意されている．それぞれの命令は，最大で 2 個のレジスタから読み出しを行う．これに対応するために，レジスタファイルは同時に 4 レジスタの読み出しが可能なようにしてある．

もちろん ALU（算術論理演算器）は 2 個必要である．一方，通常，メモリ（L1 データキャッシュ）は同時に 1 アクセスしか受け付けないため，2 個のメモリアクセスを並列実行することはできない．

レジスタファイルへの書き込みも 2 命令が同時に行うから，レジスタファイルは同時に 2 レジスタへの書き込みに対応する必要がある．

概念としては，以上で命令レベル並列処理ができそうにも思える．しかし実際には，次の項目について検討しなければならない．

- **データ依存**：データ依存（7.4.2項を参照）の関係にある命令を並列実行することはできない.
- **演算器の割り当て**：各命令が使用する演算器につながるデータパス（6.2節を参照）に命令を割り当てなければならない.

図9.1の二つのIRにフェッチされた命令にデータ依存があった場合，データを生成するほうの命令は実行ステージまで進むことができるが，データを利用するほうの命令は，命令デコードステージ以前に留めておかなければならない．また，図9.1の構成でデータ移動命令（lwまたはsw）がフェッチされた場合，上側のデータパスからはメモリ（L1データキャッシュ）へのアクセスができないから，なんらかの手段で下側のデータパスに進むようにしなければならない．なお，2命令より多くの命令を並列実行可能なプロセッサでは，フェッチされてきた多数の命令について，これらの項目を検査し，並列実行できる命令を適切なデータパスに進むよう制御しなければならない．

上記の2項目を適切に取り扱って命令レベル並列処理する手法として，スーパースカラ方式とVLIW（Very Long Instruction Word；超長命令語）方式がある．

スーパースカラ方式では，2項目の判断をすべて，実行時にハードウェアが行う．このため，命令レベル並列処理を考慮していなかった従来のプログラムを，そのまま並列実行することができるのが大きな利点である．また，実行時にならないと並列処理が可能かどうかわからないような命令列でも，実行の時点で可能と判明すればそのまま並列実行できる．一方，これらの判断やデータパスへの割り当てをすべて実行時に行うため，ハードウェアが複雑化してしまうのがこの方式の欠点である．

VLIW方式では，コンパイル時に並列実行できる複数の命令をまとめて，一つの長いVLIW（超長命令語）に再構成する．この再構成のとき，演算器への割り当てやデータ依存の問題が発生しないように命令を並べる．スーパースカラ方式では演算器の割り当てやデータ依存がないことの判断を実行時に行っていたのに対し，VLIW方式ではこれらすべてがコンパイル時に行われる．並べなおされた命令列は，そのままフェッチするだけで，データ依存も演算器割り当ても終わった状態になっているから，ハードウェアはそのまま実行するだけで命令レベル並列処理ができる．このためハードウェアが簡単になり，クロック周波数を上げることができるので，高速実行ができるのが利点である．一方，コンパイル時点では並列実行が可能かどうか確定できず，実行時に並列化が可能と判明しても並列実行することができないため，潜在的な並列実行可能性を取りこぼしてしまうことも多いのが欠点である．

以下，スーパスカラ方式とVLIW方式について，それぞれ詳しく見ていくことにしよう．

9.3 ▶ スーパースカラ方式

スーパースカラ方式では，データ依存と演算器の割り当てを実行時に解決する．**図9.2**に4命

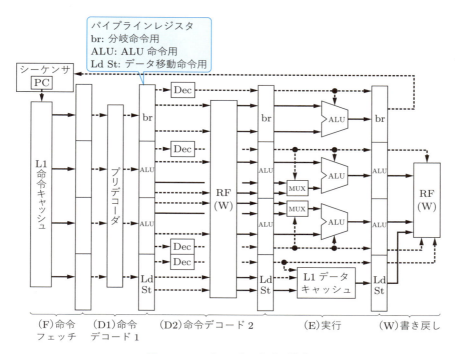

図 9.2 スーパースカラ方式の構成

令の同時実行が可能なスーパースカラ方式のハードウェア概略図を示す．左から右の順にパイプラインステージが構成されているが，命令デコードステージは，従来の基本命令パイプラインのものを二つに分割し，D1，D2 の 2 ステージとしていることに注意しよう．また，命令レベル並列処理では，すべてのデータパスにすべての命令の処理ができるハードウェアを用意するのは効率が悪い．よって命令の種類ごとにデータパスを分け，その種類ごとに処理をする．図中の br，ALU，Ld St はそれぞれ，分岐命令，ALU 命令，データ移動命令のデータパス専用のパイプラインレジスタである．

以下では，ハードウェアの動作をパイプラインステージごとに見ていこう．

命令フェッチステージ（F）では，現在の PC に続く 4 命令を一度にフェッチしてくる．図 9.2 のハードウェアは 4 命令を並列実行するためのものであるから，これは自然なことだろう．

命令デコード 1 ステージ（D1）では，「プリデコーダ」で各命令のオペコードをデコードし，br，ALU，Ld St のいずれのデータパスに送るかを判断する．プリデコーダの前（左側）では，どのパイプラインレジスタにどの種類の命令がきているかはわからないことに注意しよう．これは，次節で説明する VLIW 方式との大きな違いとなる．続いて，プリデコーダを通過したところで，対応するデータパスに振り分けられ，専用のデータパスで処理されることになる．各データパスの本数は設計時に決まっており，ここでは br が 1 本，ALU が 2 本，Ld St が 1 本としている．データパスの本数は限られているため，フェッチされた命令のうち，D2 ステージに進めないものが出てくることもある．これは構造ハザードに分類されるパイプラインハザードになる．たとえば，フェッチした命令が分岐 2 個，ALU 2 個だった場合は，分岐命令のうち 1 個だけが

9.3 スーパースカラ方式 121

D2 ステージに進み，もう 1 個は D1 ステージに留まらなければならない.

命令デコード 2 ステージ（D2）は，基本命令パイプラインの命令デコードステージとほぼ同等であり，各データパスの命令のデコードとレジスタからのオペランドの取得を行う. ただし, D2 ステージに入ってきた命令どうしに，データ依存がある可能性がある. データ依存がある場合には，そのデータを生成するほうの命令だけが E ステージに進み，データを待たなければならない命令は D2 ステージに留まる. これは，データハザードに分類されるパイプラインハザードになる.

実行ステージ（E）は，基本命令パイプラインの E ステージと同等である. ここでは，複数の演算器によって並列実行が行われる.

書き戻しステージ（W）も，基本命令パイプラインの W ステージと同等である. この構成では, ALU が 2 つ，データ移動が 1 つの合計 3 命令が同時にレジスタファイルに書き込む可能性がある. そのため，書き込みポートが 3 個必要である. 同様に，D2 ステージでの読み出しアクセスには，読み出しポートが 8 個必要である.

以上により，スーパースカラ方式のハードウェアはかなり複雑化してしまうことがわかった. その一方で，D1 ステージのプリデコーダが命令の振り分けを行い，D2 ステージでデータ依存の判別を行うことで，従来のプログラムがそのまま動作することも理解できたであろう. これらがそのまま，スーパースカラ方式の長所と短所になる.

また，D1, D2 ステージでは，高確率で構造ハザード，データハザードが発生することが予想できるだろう. このように 4 命令をフェッチし，フェッチした命令をその場で待機させるだけでは，効果的な命令レベル並列処理をすることは困難である. そのため，実際のスーパースカラ方式のプロセッサでは，フェッチからデコードまでのステージで多数の命令を待機させつつ，そのなかから演算器が空き，データが準備できた命令を順次実行ステージ以降に送り込むという方式が採用されている.

9.4 ▶ VLIW 方式

前節で見たようにスーパースカラ方式では，デコードステージで構造ハザード（ふさがっているデータパスには命令を送れない）とデータハザード（データ依存がある命令を進められない）を解決するため，ハードウェアが複雑になってしまうという問題がある.

6.1 節で説明したように，多くの場合，C 言語などの高級言語を使って「プログラム」は書かれており，コンパイラがその「プログラム」から命令が並んだプログラムを生成している. このときコンパイラは，「プログラム」に書かれたとおりの動作をするように命令を並べていく. コンパイラがこの作業を行うときに，並列実行ができる命令やデータ依存がある命令を認識し，それをうまく並べることができれば，スーパースカラ方式とは違った形で命令レベル並列処理をすることができる.

この発想で考えられたのが，VLIW 方式の命令レベル並列処理である. VLIW 方式では，ふつうの命令をコンパイル時に VLIW 命令という長い命令に並べ変える. その概念を**図 9.3** に示す.

122　第 9 章　命令レベル並列処理

図 9.3 VLIW 命令

このように VLIW 命令とは，ふつうの命令をいくつかつなげて長い命令としたものである．ただし，命令の種類によって，VLIW 内で置ける位置が定まっている．この図の例では，分岐命令は VLIW の先頭にしか置けず，ALU は 2 番目か 3 番目，データ移動命令は最後尾にしか置けないことにしている．また，互いにデータ依存がある命令は，一つの VLIW 内には置けないことにする．この二つのルールを適用すると，一つの VLIW 内には命令が置けない位置ができるので，空いた位置には NOP 命令（No OPeration）という，なにもしない命令を入れておく*．このような VLIW を使ってプログラムを作れば，**図 9.4** のハードウェアによって，簡単に命令レベル並列処理ができる．

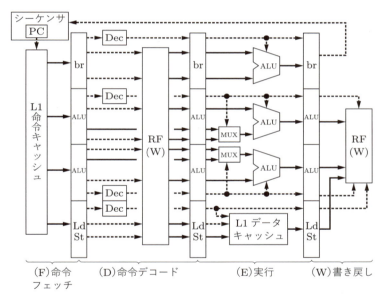

図 9.4 VLIW 方式の構成

図 9.4 のデータパスの配置は，図 9.3 の br, ALU, ALU, Ld St という命令の並びと完全に同じである．そのため，VLIW 方式では，スーパースカラ方式の D1 に相当するデータパスへの振り分けが不要である．したがって，命令デコードステージは基本命令パイプラインと同等の構成でよいことになる．

データ依存のある命令は，VLIW 命令を作る段階で，別の VLIW に分離されている．よって，デコードステージでデータ依存を別途検出する必要はなく，適切なデータフォワーディングパス

---

* たとえば，add r0, r0, r0 のような命令が NOP である（r0 はゼロレジスタだから，なにも起こらない）．

9.4 VLIW 方式　123

が備えられていれば，データハザードも発生しない．このように，VLIW方式は，スーパースカラ方式に比べてはるかに簡単なハードウェア構成で命令レベル並列処理を実現できる．

ところが，VLIW方式による命令レベル並列処理ができるのは，コンパイル時に並列実行が可能であると判断されたものだけである．たとえば，プログラム9.1のような命令列をVLIW命令にする場合，加算1と加算2の間にデータ依存がないにもかかわらず，これらを一つのVLIWにまとめることができない．なぜなら，分岐命令の後にある加算2は，分岐命令の結果を見なければ実行されるかどうかわからないからである．二つのVLIW命令が並列実行されることはないため，加算1と加算2は並列実行できないことになる．

これに対しスーパースカラ方式では，実行時にこの分岐命令を分岐しないと予測した場合には，加算1と加算2を並列実行できる．

プログラム9.1 VLIWでは捕捉できない並列処理

```
1  add r1, r2, r3   ; 加算1
2  beq r4, r5, 0x100 ; 分岐しないと予測（分岐予測）
3  add r6, r7, r8   ; 加算2
```

VLIW方式は，スーパースカラ方式に比べて簡単なハードウェアで実現できるものの，コンパイル時に確定できる並列処理可能性しか拾えないため，汎用プロセッサで広く用いられるようにはなっていない．しかし，特定のアプリケーション（分岐と分岐の間が長いプログラムなど）では高い効率を発揮することが知られている．

9.5 ▶ コンピュータの性能

パイプライン処理や命令レベル並列処理を行うコンピュータの性能を論じるうえでの基準について，確認しておこう．まず，コンピュータの性能は，なんらかのプログラムを特定したとき，そのプログラムをどれくらい短い時間で完了できるかによって測られる．あらゆるプログラムで最高性能を発揮するというコンピュータが作れれば一番よい．しかし，一般には，あるプログラムで性能がよくても，別のプログラムでは性能が出ないという結果となってしまう．

あるプログラムについて，実行開始から終了までにかかる時間（t［秒］）は，そのプログラムを実行するのに要したクロックサイクル数（C）にクロック周期（T［秒］）をかけたものになる．また，クロック周期はクロック周波数（f［Hz］）の逆数であるから，以下の関係が成り立つ．

$$t = C \cdot T = \frac{C}{f} \,[秒]$$

9.5.1 CPI

命令の並びであるプログラムが完了するまでに実行される命令数は，入出力やデータに違いがなければ，一定である．その命令数をNとすると，N命令を実行するのにかかったクロックサイクル数Cとの間で

$$\text{CPI} = \frac{C}{N}$$

と表される指標を CPI という．これは Cycles Per Instruction（命令あたりのサイクル数）の略であり，値が小さいほど 1 命令の実行に要したサイクル数が少ないことを意味し，同条件のプロセッサ（コンピュータ）どうしの性能比較に使うことができる．

図 7.2 を再掲した図 9.5(a) について見てみる．各パイプラインステージが 1 サイクルで完了しているとすると，この 6 命令が 24 サイクルで完了しているから，$\text{CPI}_a = \frac{24}{6} = 4$ が得られる．同図(b)について同じように考えると，6 命令が 9 サイクルで完了しているから，$\text{CPI}_b = \frac{9}{6} = 1.5$ となる．命令数やクロック周波数といったほかの条件が同じであれば，図 9.5 を見てわかるように，CPI は小さいほど実行時間が短く，性能が高い．

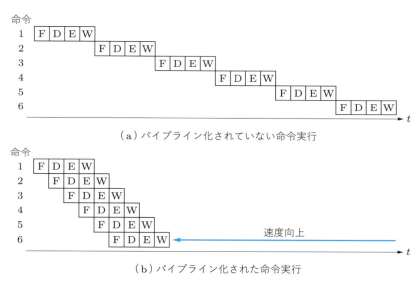

図 9.5 基本命令パイプラインによる速度向上（再掲）

CPI だけで性能比較ができるのは，比較の条件がそろえてある場合だけであるから注意しよう．たとえば図 9.5 で，同図(b)の命令実行においてクロック周波数が 10 分の 1 になっていたら，同図(a)の命令実行を CPI で上回っていても，総合性能では劣ってしまうことになる．コンピュータの性能は時間で比べるというのが第一であることを忘れてはいけない．

9.5.2　IPC

CPI は基本命令パイプラインを理解するには便利な指標だが，命令レベル並列処理がなされるようになると，値が小さくなってわかりにくくなる．そのため，CPI の逆数である IPC（Instructions Per Cycle）がよく使われる．

▌9.5.3 IPS, MIPS

IPS（Instructions Per Second）は，1秒間に実行された命令数を意味する性能指標である．対象プログラムの実行時間を t [秒]，実行された命令数を N とすると，

$$IPS = \frac{N}{t}\, [1/秒]$$

と定義される．クロックサイクル数（C）と周期（T [秒]），周波数（f [Hz]）の性質から，

$$IPS = \frac{N}{t}$$

$$= \frac{C \cdot IPC}{C \cdot T} = \frac{IPC}{T} = IPC \cdot f$$

$$= \frac{f}{CPI} = \frac{1}{T \cdot CPI}\, [1/秒]$$

の関係がある．

また，IPS から派生して MIPS（Million Instructions Per Second）という指標もある[*]．これは，

$$MIPS = IPS \times 10^{-6}\, [1/秒]$$

と定義される．

IPS, MIPS ともに，1秒間にどれだけ多くの命令を実行できるかという指標であり，大きければ高性能というものである．ただし，次項でも見るように，異なるプロセッサの比較には使えないことに注意しよう．

▌9.5.4 性能指標に関する注意

6.1 節で述べたように，現代ではプログラマがプロセッサの命令を直接並べてプログラムを書くことはほとんどなく，C 言語や Fortran のような高級プログラミング言語で記述したプログラムを，コンパイラが命令の並びである機械語プログラムに変換する．コンパイラは，ターゲットのプロセッサの命令セットに含まれる命令だけを使った機械語プログラムを生成するから，生成される機械語プログラムは，ターゲットのプロセッサごとにまったく異なったものになる．その結果，プロセッサが異なれば，同じプログラムを実行しても，実行される命令数は異なる．

CPI や IPC, IPS, MIPS といった指標は，命令を基本単位としているから，命令セットの異なるプロセッサどうしでこれらの指標を比較しても意味はない．

同じ命令セットのプロセッサであれば，IPS や MIPS は性能比較に関する指標として使うことができる．CPI, IPC に関しては，9.5.1 項でも述べたように，命令セットが同じでもクロック周波数（クロック周期）が異なれば，直接の比較指標とはならないから，注意が必要である．

---

[*] なお，MIPS という有名なマイクロプロセッサもあるが，指標としての MIPS とは関係ないので，混同しないよう注意．

126　第9章　命令レベル並列処理

▶ 演習問題

9.1 次の計算をせよ．
 （1）クロック周期 0.4 ナノ秒のプロセッサでプログラム A を実行するのに，5000000 サイクルかかったという．プログラム A を実行するのにかかった時間はいくらか．
 （2）プログラム B を実行するのに，クロック周波数 2 GHz のプロセッサで 2.5×10^{10} サイクルかかったという．プログラム B を実行するのにかかった時間はいくらか．

9.2 図 9.5 での(a)パイプライン化されていない場合と，(b)基本命令パイプライン化された場合のそれぞれの構成について，1000 命令を実行したときの CPI を求めよ．

9.3 図 9.6 は，それぞれ 2 命令，4 命令を命令レベル並列処理した場合の各命令の進捗図である．同図 (a)，(b)のそれぞれについて，次の問に答えよ．ただし，各パイプラインステージは 1 クロックサイクルで完了するものとする．
1. (a)の構成で 8 命令を実行したときの IPC はいくらか．
2. (b)の構成で 8 命令を実行したときの CPI はいくらか．
3. (a)の構成で 1000 命令を実行したときの IPC はいくらか．
4. (b)の構成で 1000 命令を実行したときの CPI はいくらか．

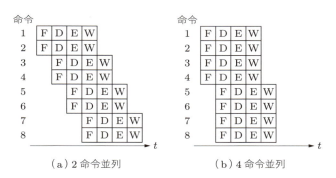

図 9.6 　IPC の演習

CHAPTER 10 ▶ 入出力装置

　　　　コンピュータの基本動作は，プロセッサとメモリがあれば完結する．しかし，外部との入出力がなければ，計算に必要なプログラムやデータをメモリに置いたり，結果を取り出したりすることができないし，人間と情報のやりとりをすることもできない．コンピュータが外部との情報をやりとりする際に用いるハードウェアが，入出力装置である．また，コンピュータの内部に置かれる，メモリ以外の記憶装置を補助記憶装置とよび，これも（コンピュータの内部にあるにもかかわらず）入出力装置に分類される．本章では，補助記憶装置を含む入出力装置と，その関連事項について学んでいこう．

10.1 ▶▶ 補助記憶装置

　これまで学んできたように，コンピュータにはレジスタ，メモリ，補助記憶装置といった記憶装置が配置され，それぞれの特徴に合わせて利用される．これらの特徴を定める指標として，容量，速度のほかに，揮発性とよばれる性質がある．これは，電源供給が止まると記憶がなくなる（揮発する）かどうかを表す性質である．つまり，電源が切れたときに記憶を消失するものを揮発性のデバイス，記憶を保持するものを不揮発性のデバイスという．ここまで見てきた各記憶装置の特徴を，図 10.1 にまとめておく．

図 10.1　コンピュータの記憶階層

　レジスタは，プロセッサの命令実行のたびにアクセスされるから，命令実行の速度に合わせて読み書きができなければならない．そのような速度で動作するデバイスの記憶容量を大きくすることはできないため，容量は小さくなる．メモリには，ある程度の速度も求められるが，レジスタよりは容量の大きさが優先される．レジスタやメモリは揮発性の記憶デバイスなので，プログラムやデータが失われないようにするために，補助記憶装置には不揮発性が求められる[*]．補助記憶装置の容量は，多くの場合メモリよりも大きいが，ネットワークを利用するなどすれば，メモリよりも小さい補助記憶装置でも実用的なシステムを構築することが可能である．

---

[*] 近い将来，不揮発性のメモリを採用したコンピュータが利用されるようになると予測されている．そのときの補助記憶装置に求められる性質や能力はどうなるか考えてみよ．

補助記憶装置の使用形態は，下記の2通りに分類される．

- ユーザやプログラムから見えない形態：8.9節で学んだ仮想記憶やこの章で扱うディスクキャッシュなど．
- ユーザやプログラムから直接扱う形態：ファイルシステムや，ファイルシステム内のファイルとして，ユーザやプログラムに開放されている場合．

前者の使い方では，一般ユーザからは補助記憶装置として認識されないが，現代のコンピュータでは欠かせない機能を提供している．後者は，ユーザがファイルとして情報を読み書きしたり，補助記憶装置に保存したデータを明示的に移動，コピー，受け渡しをしたりといった，我々にとって馴染み深い作業に関わる形態である．

10.1.1 補助記憶装置の種類

補助記憶装置を大別すると，磁気ディスク，光ディスク，半導体メモリ，磁気テープがよく使われている．

◆ 磁気ディスク

磁気ディスクは，安価で大容量な補助記憶装置であり，なかでもHDD（Hard Disk Drive）は，現在広く用いられている．これは，円盤（ディスク）上に設けられた同心円状のトラックに，情報を磁気によって記録するデバイスである．HDDの内部構造を図10.2に示す．同図(a)に示すように，同心円状のトラックは，さらにセクタとよばれる領域に分割されており，データの読み書きはセクタ単位で行われる．実際にディスクに対して情報を読み書きする部分を磁気ヘッド（または単にヘッド）という．磁気ディスクは，毎分5000回転以上で高速回転しており，ある時刻にヘッドが近接しているセクタへの読み書きが行える*．ヘッドはディスクの半径方向に移動できるようになっており，これにより読み書きするトラックを選択する．

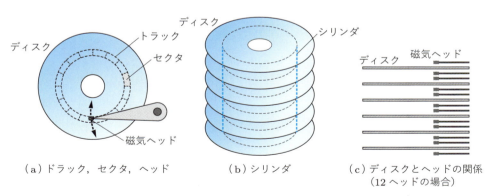

(a) トラック，セクタ，ヘッド　　(b) シリンダ　　(c) ディスクとヘッドの関係（12ヘッドの場合）

図 10.2　HDDの内部構造

＊ ヘッドがディスクに接触してしまうとディスクに傷が付いてしまう．そのため，ヘッドはつねにディスクから浮いた状態で使用される．

1台の装置での記憶容量を上げるため，多くの場合，同図(b)のように1台の装置内に複数のディスクが収められている．このように，半径が等しい複数のトラックをまとめたものをシリンダという．同図(c)のように，各ディスクの両面にヘッドが置かれており，すべてのヘッドは各ディスク表面の同じ位置に並ぶため，シリンダを構成するトラックを同時に読み書きすることができる．

磁気ディスクへのアクセスは，目的トラック（シリンダ）に磁気ヘッドを動かすシークと，目的トラック上の目的セクタがヘッド位置まで回転してくるのを待つ回転待ちの後に行われる．このため，実際のアクセス時間に加えてシーク時間と回転待ち時間がかかってしまうのが欠点である．もちろん，同一シリンダ内のデータにアクセスする場合は，シーク時間がゼロとなる．

◆光ディスク

光ディスクは，レーザ光によりデータの読み書きを行う補助記憶装置である．磁気ディスクと同様に，高速回転するディスクに対して，光学ヘッドを近接させて読み書きする．CD（Compact Disc），DVD（Digital Versatile Disc），Blu-ray Disc がよく使われている．それぞれ，読み出しだけ可能なもの，追記が可能なもの，書き換えが可能なものがあり，用途別に使い分けられている．

◆半導体メモリ

現代の補助記憶装置として使われる半導体メモリは，フラッシュメモリが主流であるが，インタフェースの違いにより，SSD，USB メモリ，SD カードとよばれるものが広く使われている．

SSD（Solid State Drive）は，HDD と同じインタフェースで使うことのできるフラッシュメモリである．半導体メモリであるから，シークや回転待ちが必要なく，高速に読み書きできる．HDD と入れ換えることで，より高速な磁気ディスクであるかのように使えるため，普及が著しい．

USB メモリは，USB インタフェースをもつフラッシュメモリである（10.2.3 項を参照）．USB ポートをもってさえいれば使えるため，さまざまな機器で補助記憶装置として使うことができ，たいへん広く用いられている．

SD カードは，フラッシュメモリを小型のケースに収納したもので，非常に小さいことが特長である．現在はさらに小型の microSD とよばれるサイズの SD カードが開発されている．これは，おもにディジタルカメラやスマートフォンなどの小型携帯機器の補助記憶装置として広く用いられている．

◆磁気テープ

磁気テープは，磁性体を塗布したテープを磁化することで情報を記録する補助記憶装置である．アクセス速度は遅く，データを連続して読み書きする順次アクセス（逐次アクセス）しかできないため，HDD のようにコンピュータから頻繁に使用される状況には適さない．しかし，安価で大量なデータを記録できるという特長があるため，古くからバックアップ用途に使われてきた．現在は LTO（Linear Tape-Open）規格のテープが主流となっている．

10.1.2 ディスクキャッシュ

8.9節で学んだ仮想記憶では，物理アドレス空間に入りきらないデータを補助記憶装置に移すことで，メモリの大きさの制限を緩和していた．それとは逆の発想で，補助記憶装置のアクセス速度の遅さを緩和するために使われるのが**ディスクキャッシュ**である．一般に，補助記憶装置のアクセスには時間がかかるが，ディスクキャッシュでは，より高速な記憶装置であるメモリに補助記憶からデータをコピーしておく．これにより，次に同じデータを使うときにはメモリのアクセス速度で利用することができる．たとえば，よく読み書きするファイルがあるとき，そのファイルのコピーをメモリに置くことでアクセスを高速化できる．ディスクキャッシュの管理は，一般にオペレーティングシステムにより行われるから，ユーザやプログラムからは補助記憶装置のアクセス速度の変化として認識される．

図 10.3 に，ディスクキャッシュの概念図を示す．ディスクキャッシュ使用時には，補助記憶装置からメモリにファイルのコピーが作られる．そのコピーに対して読み出しアクセスだけをしているときは問題ないが，書き込みアクセスをする場合には，メモリ上のコピーと補助記憶装置上にあるファイル本体の間で内容が同一であることを保証する仕組みが必要である．コピーと本体で内容が同一である性質を，データの**一貫性**という．ディスクキャッシュの使用時には，オペレーティングシステムがデータの一貫性を保証しなければならない．

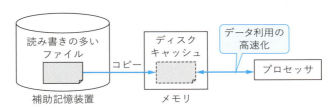

図 10.3　ディスクキャッシュ

10.2 ▶ 入出力装置

10.2.1　入出力装置への接続

入出力装置と，プロセッサやメモリとの関係を見ていこう．入出力装置への接続を簡略化したものを図 10.4 に示している．5.3節では，メモリと入出力装置が一つのバスを共有している形

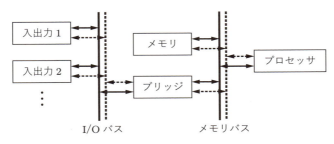

図 10.4　入出力装置への接続図

で示していたが，第 8 章で見たように，メモリアクセス速度の低下はコンピュータの性能に深刻
な影響を及ぼすため，メモリ用のバス（メモリバス）と入出力用のバス（I/O バス）は，この図
のように独立させて，なるべく入出力装置がメモリアクセスに影響を及ぼさないようにするのが
一般的である．メモリバスと I/O バスの間にはブリッジとよばれるハードウェアが置かれ，必
要に応じて制御線やデータ線の中継を行う．

　各入出力装置には，それぞれ固有のアドレスを与えることで，入出力バス上でのアクセスを区
別する．プロセッサはそのアドレスを使い，メモリに読み書きするのと同様に，入出力装置に対
しても読み書きを行う．次節で見るように，入出力装置は多種多様であるが，情報を扱っている
以上は，どんな入出力装置であっても「読み出し」と「書き込み」の 2 種類の操作ですべての処
理をこなしていく．

▌10.2.2　いろいろな入出力装置

◆入力装置

　ユーザからコンピュータへのおもな入力装置として，キーボード，マウス，タッチスクリーン
などがある．

　キーボードは，キーを押すとそれに対応した文字が，キーコードとよばれる数値として入力さ
れる装置である．送られたキーコードは，オペレーティングシステムおよび付属のデバイスドラ
イバといったソフトウェアにより，プログラムで受け取れる文字コードに変換され，プログラム
から利用される．

　マウスやタッチスクリーン（タッチパネル）は，ユーザが画面上の位置をコンピュータに伝え
るための，位置の伝達装置である．マウスの場合は，マウス本体の移動方向と移動量という相対
位置の入力が行われるのに対し，タッチスクリーンの場合は，スクリーン上の位置が絶対位置と
して入力されるのが特徴である．

　そのほか，画像入力するためのスキャナやカメラ，音声を入力するためのマイクなどが入力装
置に分類される．

◆出力装置

　出力装置は，コンピュータ外部に情報を伝えるための装置である．画面上に視覚情報を提示す
るディスプレイ，紙面に視覚情報を提示するプリンタなどがある．

　ディスプレイは，画面を発光させることで，文字や画像などの視覚情報を表示するデバイスで
ある．現在は，電圧で光の透過率が変わる液晶を使った液晶ディスプレイが主流である．そのほ
か，有機 EL ディスプレイ，プラズマディスプレイ，CRT ディスプレイなどがある．

　プリンタは，紙面にインクなどを定着させることで印刷をするデバイスである．現在は，イン
クを吹き付けて印刷するインクジェットプリンタと，レーザ光で感光ドラムにトナーという粉末
インクを貼り付けて印刷するレーザープリンタの 2 種類が主流である．また，紙面への印刷以外
に，インクジェットプリンタの原理を応用した 3D プリンタとよばれる 3 次元造形装置も使われ
るようになっている．

そのほか，音楽や音声を出力するサウンドポートとスピーカなども出力装置に分類される．

◆入出力装置

入力と出力の両方を行う入出力装置として，ネットワーク制御装置が挙げられる．ネットワーク制御装置の役割は，コンピュータをネットワークに接続し，コンピュータからネットワークにデータを送出することと，ネットワークからコンピュータにデータを受信することである．

10.2.3 入出力インタフェース

入出力装置とコンピュータとの間でデータをやりとりするためには，ハードウェアとそれを取り扱う信号に関して，共通の取り決めが必要である．この取り決めを入出力インタフェースという．

入出力インタフェースは，ハードウェア仕様だけでなく，信号に関する取り決めを含んでおり，コンピュータで信号を扱うには対応するソフトウェアも必要である．このソフトウェアをデバイスドライバという．なお，デバイスドライバには，入出力インタフェースだけでなく，インタフェースを介して各周辺機器の制御を行うものも含まれる．デバイスドライバの性質上，入出力インタフェースならびに周辺機器のそれぞれについて，専用のものが必要となる．

入出力インタフェースと関連する事項として，周辺機器の接続方法を説明する．図 10.5 にあるように，スター接続，カスケード接続，デイジーチェーン接続がよく用いられる．スター接続とカスケード接続はハブの個数が異なるだけであり，この 2 形態を合わせてツリー接続とよぶことがある．以下，代表的な入出力インタフェースとその特長を見ていこう．

(a) スター接続：「ハブ」とよばれる装置を経由して，複数の機器を接続する．

(b) カスケード接続：ハブを複数用意して，多段階の接続を行うもの．

(c) デイジーチェーン接続：デイジーチェーン(数珠つなぎ)で複数の機器を接続する．末端にターミネータ(終端装置)が必要なことが多い．

図 10.5　周辺機器の接続形態

◆USB（Universl Serial Bus）

USB は，当初，キーボード，マウス，モデムなど，比較的低速な PC 周辺機器の接続のために制定された規格であった．ツリー接続を用いて多数の周辺機器を接続できるよう配慮されていたことや，コネクタの形状が統一されており使いやすかったことから，低速な周辺機器だけでなく，ハードディスクドライブや USB メモリなどの高速な補助記憶装置にも使われるようになった．さらに，より高速なデータ転送が可能な USB3.0 および USB3.1 の規格が登場している．

コネクタ形状として，個人用コンピュータ向けの Type-A，周辺機器向けの Type-B があったが，Type-B にはより小型の機器向けの miniUSB, microUSB が加わった．さらに近年，小型の個人用コンピュータやスマートフォン向けの Type-C コネクタが普及している．大電流を扱える規格にもなったことで，ますます多くの場面での活用が進んでいる．

◆IEEE 1394

IEEE 1394（読みはアイトリプルイー1394）は，ディジタルカメラなど画像を扱う入出力装置に用いられるインタフェースである．以前は USB が低速だったため棲み分けがなされていたが，USB の高速化により，あまり使われなくなってきている．

◆RS-232C

RS-232C は，モデムなどとの接続に使われるインタフェースであった．現在では，モデムなどを使う用途がほとんどなくなったが，実装が容易なため，試作ハードウェアとの通信用途に広く使われている．RS-232C ポートをもつ個人用コンピュータもほとんどなくなったため，USB インタフェースを介して RS-232C インタフェースの通信が行えるデバイスがよく使われる．

◆SCSI（Small Computer Systems Interface）

SCSI（読みはスカジー）は，高速な補助記憶装置などとの接続に使われるインタフェースである．デイジーチェーン接続により，7 台までの周辺機器を接続できる．高速な補助記憶装置の接続は，現在では次に紹介する SATA や M.2 経由がほとんどであり，SCSI が使われることは少ない．

◆SATA（Serial Advanced Technology Attachment）

SATA（読みはシリアルエーティーエー，サタ）は，おもに高速な補助記憶装置の接続に使われるインタフェースである．原則として，1 ポートに機器を 1 台ずつ接続する形態で使用する．現在では，さらに小型で高速な M.2（読みはエムドットツー）に発展し，普及が始まっている．

◆HDMI（High-Definition Multimedia Interface）

ディスプレイの接続用インタフェースとしては，かつてアナログ RGB（VGA ともよばれる）が主流であったが，解像度が高くなると表示品質が保てないため，ディジタル信号で伝送する DVI が登場した．その後，この DVI をもとに，画像だけでなく音声も 1 本の配線で伝送できる

インタフェースとして制定されたのが HDMI である．現在，ディスプレイ用のインタフェースとして主流になっているものの一つである．

ディスプレイ用のインタフェースとしては，VGA，DVI，HDMI のほかに，DisplayPort も使われる．DisplayPort は HDMI よりも高解像度に対応していることもあり，利用が広まりつつある．

◆IrDA（Infrared Data Association）

IrDA は，赤外線を使ったデータ通信の規格を制定している団体であるが，それが制定した規格も IrDA の名でよばれる．赤外線という光を使うから，通信ケーブルを必要としない無線通信である．IrDA は通信距離が短く，光が到達する（すなわち互いに見通せる）環境でないと通信ができず，通信速度も大きくない．そのため，ノート PC や携帯端末どうしの近距離での無線通信に使われる．

◆Bluetooth

Bluetooth（読みはブルートゥース）は，2.4 GHz の周波数帯を使用する短距離無線通信のインタフェース規格である．赤外線ではなく電波を使うため，互いに見通せない端末どうしでも通信できる．携帯電話やノート PC の周辺機器との接続に広く使われている．

10.3 ▶ 割り込み処理

入力装置に関係するプログラミングについて考えてみよう．入力から必要な情報を得たい場合，ターゲットの入力装置から単に読み出しを行っても，その時点で必要なデータが入力装置にきているかどうかはわからないという問題がある．たとえば，キーボードからの入力を受け取りたい場合，ユーザがキーボードのキーを押していないのに読み出しをしても，キーが押されていないという情報が得られるだけである．

この問題に対応する方法は二つある．一つはポーリングである．ポーリングは，定期的に入出力装置にアクセスし，処理する必要がある状況にあるかどうかを確認するというものである．小規模なシステムではプログラムが簡単になるという利点があるが，入出力が稀にしか起こらない場合には無駄が多くなる．また，多数の入出力装置がある場合の管理も大変になる．

もう一つの方法が割り込み処理である．割り込み処理では，専用の信号線を使って，入出力装置からプロセッサに処理が必要であることを伝え，それを受けたプロセッサが専用のプログラムにより入出力装置に対応する処理を行う．割り込み処理の場合，事前に専用のプログラムを用意しておく必要はあるものの，ポーリング方式のような無駄がないため，入出力装置の処理によく使われる．

入出力装置による割り込みの発生と割り込み処理について，図 10.6 を使って説明する．

（1）入出力装置 1 に処理が必要な状況となったため，入出力装置 1 が割り込み信号を発生する．

(2) 割り込み信号は，入出力バスの制御線，ブリッジ，メモリバスの制御線を経由して，プロセッサによって受信される．

(3) このとき，プロセッサはプログラムを実行中であるが，そのまま実行を継続していたのでは，入出力装置1に対応する処理を行うことができない．そこで，割り込み信号を受信したプロセッサは，いま実行中のプログラムを中断し，事前に登録されていた**割り込みハンドラ**とよばれるプログラムに従い，割り込みを処理する．なお，直前に実行していたプログラムは，割り込み処理が終わった後で，中断した地点から再開しないといけない．したがって，プログラムカウンタの値やレジスタに保持していた値などの再開に必要な情報を，メモリに退避しておく必要がある．

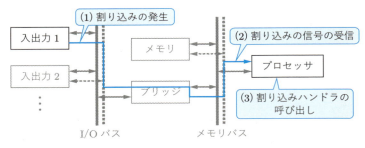

図 10.6 割り込み信号と割り込み処理

割り込みハンドラの内部では，中断させるプログラムの再開に必要な情報を退避した後，割り込みを発生した装置を識別し，その装置の処理に必要な割り込み処理ルーチンを呼び出して，必要な処理を行う．その後，中断されていたプログラムを再開し，もとの処理に戻る．

割り込み処理は，割り込みを発生/受信するハードウェアと処理を行うソフトウェアとの間に密接な関係があるため，実装にはハードウェアに関する深い理解が求められる処理の一つである．また，処理の中断，至急対応するべき処理の実行，処理の再開という一連の流れは便利なため，入出力装置以外の処理でも割り込み処理は広く使われる．

▶ 演習問題

10.1 補助記憶装置について述べた次の説明について，正しければ◯，誤っていれば×と答えよ．
    (1) 補助記憶装置には，大きな容量よりも高速性が求められる．
    (2) 補助記憶装置は，一般に揮発性である．
    (3) 補助記憶装置は，ユーザやプログラムから直接見えない形で使われることもある．
    (4) 磁気ディスクは，同心円上のトラックに情報を磁気によって記憶するものであり，同心円の半径が同じトラックをまとめて，シリンダとよぶ．
    (5) 同一シリンダ内のデータにアクセスする場合，回転待ち時間がゼロになる．
    (6) SSDは，半導体メモリをHDDと同じインタフェースで使えるようにしたものである．
    (7) 光ディスクは読み出しだけが可能である．
    (8) 補助記憶装置として使われる半導体メモリは，電源供給が断たれるとデータが消えてしまう

ため，取り扱いに注意が必要である．

（9）磁気テープは逐次アクセスによって読み書きするデバイスである．

10.2 補助記憶装置に求められる機能と性能は，記憶容量，アクセス速度，物理的な大きさや重量などが考えられるが，使用目的によって，その要求は変わってくる．具体的な使用目的を挙げ，その目的に対してはどのような機能/性能が重視されるかを説明せよ．

さらに，上記で挙げた機能/性能のほかに要求されるとすれば，どのようなものがあるだろうか．使用目的とともに説明せよ．

10.3 10.1.2項で説明したディスクキャッシュは，仮想記憶と「逆」の発想で導入されたものであるという．どのような点が「逆」なのか，説明せよ．

▶ 演習問題解答例

◆第1章

1.1 (1) 0　　(2) 0　　(3) 1　　(4) 0

※(2)と(3)の抵抗はプルアップ，プルダウンの働きをしていないことに注意.

1.2

(1) $Q = \overline{X \cdot Y}$

X	Y	X·Y	Q
0	0	0	1
0	1	0	1
1	0	0	1
1	1	1	0

(2) $Q = \overline{X + Y}$

X	Y	X+Y	Q
0	0	0	1
0	1	1	0
1	0	1	0
1	1	1	0

(3) $Q = \overline{X} \cdot Y$

X	Y	$\overline{X}$	Q
0	0	1	0
0	1	1	1
1	0	0	0
1	1	0	0

(4) $Q = X + \overline{Y}$

X	Y	$\overline{Y}$	Q
0	0	1	1
0	1	0	0
1	0	1	1
1	1	0	1

(5) $Q = \overline{\overline{X} \cdot Y}$

X	Y	$\overline{X}$	$\overline{X} \cdot Y$	Q
0	0	1	0	1
0	1	1	1	0
1	0	0	0	1
1	1	0	0	1

(6) $Q = \overline{X + \overline{Y}}$

X	Y	$\overline{Y}$	X+$\overline{Y}$	Q
0	0	1	1	0
0	1	0	0	1
1	0	1	1	0
1	1	0	1	0

(7) $Q = (\overline{X} \cdot Y) + \overline{Z}$

X	Y	Z	$\overline{X}$	$\overline{X} \cdot Y$	$\overline{Z}$	Q
0	0	0	1	0	1	1
0	0	1	1	0	0	0
0	1	0	1	1	1	1
0	1	1	1	1	0	1
1	0	0	0	0	1	1
1	0	1	0	0	0	0
1	1	0	0	0	1	1
1	1	1	0	0	0	0

(8) $Q = (\overline{X} \cdot Y) + (X \cdot \overline{Y})$

X	Y	$\overline{X}$	$\overline{X} \cdot Y$	$\overline{Y}$	X·$\overline{Y}$	Q
0	0	1	0	1	0	0
0	1	1	1	0	0	1
1	0	0	0	1	1	1
1	1	0	0	0	0	0

(9) $Q = (\overline{X} \cdot Y) + (\overline{Y \cdot Z})$

X	Y	Z	$\overline{X}$	$\overline{X} \cdot Y$	Y·Z	$\overline{Y \cdot Z}$	Q
0	0	0	1	0	0	1	1
0	0	1	1	0	0	1	1
0	1	0	1	1	0	1	1
0	1	1	1	1	1	0	1
1	0	0	0	0	0	1	1
1	0	1	0	0	0	1	1
1	1	0	0	0	0	1	1
1	1	1	0	0	1	0	0

1.3

(1)

X Y	$\overline{X}$ $\overline{Y}$ Q
0 0	1 1 1
0 1	1 0 0
1 0	0 1 0
1 1	0 0 0

(2)

X Y	$\overline{X}$ $\overline{Y}$ $\overline{X}+\overline{Y}$ Q
0 0	1 1 1 0
0 1	1 0 1 0
1 0	0 1 1 0
1 1	0 0 0 1

(3)

X Y	$\overline{X}$ $\overline{Y}$ $\overline{X}\cdot\overline{Y}$ X·Y Q
0 0	1 1 1 0 1
0 1	1 0 0 0 0
1 0	0 1 0 0 0
1 1	0 0 0 1 1

(4)

X Y Z	$\overline{X}$ $\overline{Y}$ Q
0 0 0	1 1 1
0 0 1	1 1 1
0 1 0	1 0 1
0 1 1	1 0 1
1 0 0	0 1 1
1 0 1	0 1 1
1 1 0	0 0 0
1 1 1	0 0 1

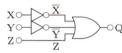

(5)

X Y Z	$\overline{X}$ $\overline{Y}$ $\overline{Z}$ X·$\overline{Y}$ $\overline{X}$·$\overline{Z}$ Q
0 0 0	1 1 1 0 1 1
0 0 1	1 1 0 0 0 0
0 1 0	1 0 1 0 1 1
0 1 1	1 0 0 0 0 0
1 0 0	0 1 1 1 0 1
1 0 1	0 1 0 1 0 1
1 1 0	0 0 1 0 0 0
1 1 1	0 0 0 0 0 0

(6)

X Y Z	$\overline{X}$ $\overline{Z}$ X·Y Y·$\overline{Z}$ $\overline{X}$·Z Q
0 0 0	1 1 0 0 0 0
0 0 1	1 0 0 0 1 1
0 1 0	1 1 0 1 0 1
0 1 1	1 0 0 0 1 1
1 0 0	0 1 0 0 0 0
1 0 1	0 0 0 0 0 0
1 1 0	0 1 1 1 0 1
1 1 1	0 0 1 0 0 1

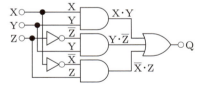

1.4

(1) $S = \overline{X}\cdot Y\cdot Z + X\cdot\overline{Y}\cdot Z + X\cdot Y\cdot\overline{Z} + X\cdot Y\cdot Z$, $T = \overline{X}\cdot Y\cdot\overline{Z} + \overline{X}\cdot Y\cdot Z + X\cdot\overline{Y}\cdot\overline{Z} + X\cdot\overline{Y}\cdot Z$

(2) $S = \overline{X}\cdot\overline{Y}\cdot Z + \overline{X}\cdot Y\cdot Z + X\cdot\overline{Y}\cdot Z + X\cdot Y\cdot\overline{Z}$, $T = \overline{X}\cdot Y\cdot Z + X\cdot\overline{Y}\cdot\overline{Z} + X\cdot\overline{Y}\cdot Z + X\cdot Y\cdot\overline{Z}$

1.5

(1) $Q = \overline{X\cdot Y}$

X Y	$\overline{X\cdot Y}$ Q
0 0	0 1
0 1	1 0
1 0	0 1
1 1	0 1

(2) $Q = \overline{\overline{X}+\overline{Y}}$

X Y	$\overline{X}+\overline{Y}$ Q
0 0	1 0
0 1	1 0
1 0	1 0
1 1	0 1

(3) $Q = X \oplus \overline{Y}$

X Y	$\overline{Y}$ Q
0 0	1 1
0 1	0 0
1 0	1 0
1 1	0 1

(4) $Q = \overline{X \oplus Y}$

X Y	$\overline{X \oplus Y}$ Q
0 0	0 1
0 1	1 0
1 0	1 0
1 1	0 1

演習問題解答例 139

◆第2章

2.1 (1) 111000　　(2) 11100110　　(3) 1 0100 0001　　(4) 1 1010 0011
　　(5) 1 1111 0111

2.2 (1) 5　　(2) 11　　(3) 29　　(4) 43　　(5) 97

2.3 (1) 6　　(2) 18　　(3) 5E　　(4) B3　　(5) 1C5

2.4 (1) 1001　　(2) 10 0001　　(3) 100 1010　　(4) 11 1100 0100
　　(5) 100 0111 0000 1001

2.5 0 ～ 511

2.6 13 ビット

2.7 (1) 0000 0110　　(2) 0001 0100　　(3) 0100 1000　　(4) 1001 1001
　　(5) 1101 0011

2.8

(1) $(45)_{10}$	(2) $(-45)_{10}$	(3) $(100)_{10}$	(4) $(-100)_{10}$
(a) 0010 1101	(a) 1010 1101	(a) 0110 0100	(a) 1110 0100
(b) 0010 1101	(b) 1101 0010	(b) 0110 0100	(b) 1001 1011
(c) 0010 1101	(c) 1101 0011	(c) 0110 0100	(c) 1001 1100

2.9 (1) 90　　(2) -38　　(3) -125　　(4) 113

2.10 (1) 10100　　(2) 01100　　(3) 11111　　(4) 00110

2.11

(1) (a) 01110011 $-$ 01010001　(2) (a) $-$01000000 $+$ 00110110
　　(b) 01110011 $+$ 10101111　　　(b) 11000000 $+$ 00110110
　　(c) 　　01110011　　　　　　　　(c) 　　11000000
　　　　 $+$ 10101111　　　　　　　　　　 $+$ 00110110
　　　　 100100010　　　　　　　　　　　 11110110
　　　└ 有効桁外のため無視 ┘　　　　(d) -10
　　(d) 34

(3) (a) $-$00001010 $-$ 01101101　(4) (a) 01011110 $-$ 01111000
　　(b) 11110110 $+$ 10010011　　　(b) 01011110 $+$ 10001000
　　(c) 　　11110110　　　　　　　　(c) 　　01011110
　　　　 $+$ 10010011　　　　　　　　　　 $+$ 10001000
　　　　 110001001　　　　　　　　　　　 11100110
　　　└ 有効桁外のため無視 ┘　　　　(d) -26
　　(d) -119

2.12 (1) 1.0100101×2^2　　(2) 1.011×2^{-3}

2.13 (1) $-1.01011 \times 2^{130-127} = -1010.11$ より $-(10.75)_{10}$
　　(2) $1.1000101 \times 2^{131-127} = 11000.101$ より $(24.625)_{10}$

2.14

(1) $1011.01 = 1.01101 \times 2^3 = 1.01101^{130-127}$ より 0 10000010 01101000 00000000 0000000

(2) $-1000011100001.001 = -1.000011100001001 \times 2^{12} = -1.000011100001001 \times 2^{139-127}$ より
　　1 10001011 00001110 00010010 0000000

140　演習問題解答例

◆ 第 3 章

3.1

(1)

S	X	Y	Q
0	0	0	0
0	0	1	1
0	1	0	1
0	1	1	1
1	0	0	1
1	0	1	1
1	1	0	1
1	1	1	0

(2)

S	X	Y	Q
0	0	0	1
0	0	1	0
0	1	0	1
0	1	1	1
1	0	0	1
1	0	1	1
1	1	0	0
1	1	1	1

3.2

(1)

S	X	Q
0	0	1
0	1	1
1	0	0
1	1	1

(2)

S	X	Q
0	0	0
0	1	0
1	0	0
1	1	1

(3)

S	X	Q
0	0	0
0	1	1
1	0	1
1	1	1

(4)

S	X	Q
0	0	0
0	1	1
1	0	0
1	1	0

(5)

S	X	Y	Q
0	0	0	0
0	0	1	0
0	1	0	0
0	1	1	1
1	0	0	0
1	0	1	1
1	1	0	1
1	1	1	1

(6)

S	X	Y	Q
0	0	0	0
0	0	1	1
0	1	0	1
0	1	1	0
1	0	0	1
1	0	1	0
1	1	0	0
1	1	1	0

(7)

S	X	Y	Q
0	0	0	0
0	0	1	0
0	1	0	1
0	1	1	0
1	0	0	0
1	0	1	1
1	1	0	0
1	1	1	0

3.3 (1) ビット毎 AND 演算器　(2) ビット毎 XOR 演算器　(3) ビット毎 OR 演算器　(4) ビット毎 EQ 演算器

3.4 (1) ビット毎 AND 演算器　(2) ビット毎 XOR 演算器　(3) ビット毎 OR 演算器　(4) ビット毎 EQ 演算器　(5) 加算器　(6) 減算器

◆ 第 4 章

4.1

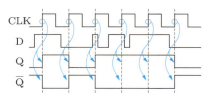

4.2

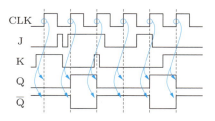

4.3

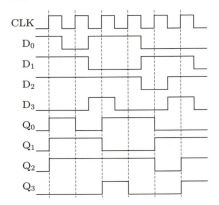

4.4

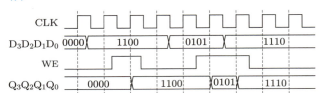

4.5

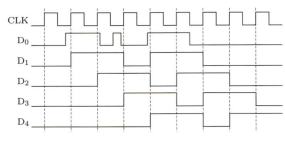

4.6

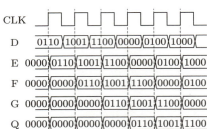

4.7

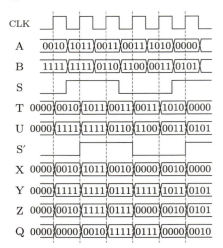

◆第5章
5.1

X_1	X_0	Q_3	Q_2	Q_1	Q_0
0	0	0	0	0	1
0	1	0	0	1	0
1	0	0	1	0	0
1	1	1	0	0	0

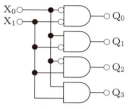

（a）真理値表　　　　　（b）回路図

5.2　第5サイクルでは，PCから アドレス 0x01 がメモリに送られており，0x01 番地の命令 '01 01 11 01' が IR に取り込まれる．

　第6サイクルでは，ALU の制御レジスタに 01, ALU の入力側レジスタに左から順に 0x50, 0x34 がそれぞれ格納される．

　第7サイクルでは，0x34 − 0x50 を演算した結果である 0xE4 が ALU 出力側のレジスタに格納される．このとき ALU では，0x34 と 0xB0（0x50 の2の補数）の加算が行われていることに注意しよう．

　第8サイクルでは，レジスタ1番（r1）に 0xE4 が書き込まれ，PC に 0x02 が書き込まれる．

5.3

サイクル番号	起こること
1	IR に命令 '00 00 01 10' が取り込まれる．
2	ALU の制御レジスタに 00，入力側レジスタに 0x34, 0x26 が書き込まれる．
3	ALU 出力側のレジスタに 0x5A が書き込まれる．
4	r2 に 0x5A が書き込まれる．PC が 0x01 に更新される．
5	IR に命令 '01 10 00 11' が取り込まれる．
6	ALU の制御レジスタに 01，入力側レジスタに 0x26, 0x5A が書き込まれる．
7	ALU 出力側のレジスタに 0x34 が書き込まれる．
8	r3 に 0x34 が書き込まれる．PC が 0x02 に更新される．

◆第6章
6.1

	書き込み先	値
(1)	r5	0x1234579A
(2)	r0	0x13
(3)	r1	0x2222
(4)	r1	0xAAAAFFFF
(5)	r3	0x1FFFE
(6)	r4	0xEF
(7)	r6	0x12340000
(8)	r2	0xFFFFFFFF

6.2

	(a)	(b)	(c)
(1)	レジスタ	r0	0xF00
(2)	メモリ	0x104	0x100
(3)	レジスタ	r2	0xF10
(4)	メモリ	0x114	0x0
(5)	レジスタ	r4	0x10
(6)	メモリ	0x11C	0x114
(7)	レジスタ	r6	0xFF00FF
(8)	メモリ	0x120	0xFF00FF00

6.3　（プログラム 6.3）　r3：1，r4：3，メモリ 0x10C 番地：3
（プログラム 6.4）　r3：0x30，r5：0x10，r6：0x20，r7：0x10，
メモリ 0x110 番地：0x30，メモリ 0x114 番地：0x10

6.4　(1) 000000 00010 00011 00001 xxxxx 100000 ※
　　(2) 000000 00011 00100 00010 xxxxx 100010 ※
　　(3) 000000 00101 00110 00100 xxxxx 100100 ※
　　(4) 000000 00101 00111 00011 xxxxx 100101 ※
　　(5) 100011 00010 00111 0000000000010100
　　(6) 101011 00011 00100 0000000001000000
※ x のところは 1 でも 0 でもよい.

6.5　(1) and r5, r4, r0　　(2) lw r1, 0x4(r6)　　(3) sub r3, r1, r2
　　(4) sw r5, 0x1C(r7)　　(5) add r5, r6, r1　　(6) or r2, r2, r3

6.6　0x0100 番地：0xFF00FF00，0x0104 番地：0xFFFF0000
0x0108 番地：0xFF000000，0x010C 番地：0xFFFFFF00

6.7　(1) 0x10009000　　(2) 0x41234567　　(3) 0x94004567　　(4) 0xFE222222

6.8　（プログラム 6.6）5，（プログラム 6.7）4，（プログラム 6.8）0x110，（プログラム 6.9）25 また
は 0x19

6.9

```
1  0000 addi r2, r0, 0xAABB     ; ori 命令を使ってもよい.
2  0004 sll r2, r2, 16          ; 左 16 ビットシフト
3  0008 ori r2, r2, 0xCCDD      ; ここに addi 命令は使えない.
4  000C j 0xC                   ; 無限ループ
5  ......
```

6.10　（プログラム 6.10）0xF0F00000，（プログラム 6.11）0xFFF0F00F

6.11　（プログラム 6.12）0x100 番地：21 または 0x15，　0x104 番地：6
（プログラム 6.13）0x100 番地：0xFD671234，　0x104 番地：0x888

◆第 7 章
7.1　(1) 8 サイクル　　(2) 9 サイクル　　(3) 17 サイクル　　(4) $N + 7$ サイクル
7.2　（プログラム 7.1）10 サイクル，（プログラム 7.2）14 サイクル
7.3　(1) 7 サイクル　　(2) 16 サイクル　　(3) 160 サイクル

◆第 8 章
8.1　ヒット率：97.6%　　ミス率：2.4%（アクセス回数が 102500 回であることに注意）
8.2　(1) 103 サイクル　　(2) 10003 サイクル　　(3) 1093 サイクル

8.3

	タグ比較に使用	インデクス	判定
(1)	0x000300	0	ミス
(2)	0x011090	2	ミス
(3)	0x011090	0	ヒット
(4)	0x02A000	0	ミス
(5)	0x02A000	1	ヒット
(6)	0x02A000	2	ミス
(7)	0x000010	3	ヒット
(8)	0x000010	3	ヒット

与えられたアドレスは 16 進数表示なので, 上位 6 桁 (24 ビット) がアドレスタグの比較に使用される. 残り 2 桁 (8 ビット) の上位 2 ビットが, ダイレクトマップ方式のキャッシュのライン選択 (インデキシング) に使われる. 残った下位 6 ビットは, キャッシュライン内での位置決定に使われるだけなので, ヒット / ミスの判定には関与しない.

(2), (4), (6) については, 一致するアドレスタグがキャッシュ内に存在しているが, インデキシングによって比較対象となるラインのタグとは一致しないため, キャッシュミスとなることに注意.

◆ 第 9 章

9.1　(1) 2 ミリ秒　　(2) 12.5 秒

9.2　(a) 4　　(b) 1.003

9.3　(1) 1.14　　(2) 0.625　　(3) 1.99　　(4) 0.253

◆ 第 10 章

10.1　(1) ×　　(2) ×　　(3) ○　　(4) ○　　(5) ×　　(6) ○　　(7) ×　　(8) ×　　(9) ○

10.2　補助記憶装置を常時使用するファイルシステムを置くために使う場合, アクセス速度と記憶容量のバランスが求められる. 一方, バックアップに用いる場合, アクセス速度よりも記憶容量が重視される. USB フラッシュメモリのように, 取り外してもち運ぶ用途の場合は, 大きさや重量が重視される.

記憶容量, アクセス速度, 大きさや重量のほかに要求される機能/性能としては, 次のようなものが考えられる. 常時接続しておかず, もち運ぶ使う用途では, コンピュータの電源を入れたまま取り付けや取り外しができないと不便である. また, バックアップ用途では, 長期保存性が求められる.

10.3　ディスクキャッシュと仮想記憶で「逆」になっているものは二点挙げられる.

第一に, データの移動 (コピー) の方向が「逆」である. ディスクキャッシュでは, 補助記憶装置からメモリにデータがコピーされているのに対し, 仮想記憶では, メモリから補助記憶装置にデータがコピーされる.

第二に, メモリと補助記憶装置で緩和される弱点が逆である. ディスクキャッシュでは, 補助記憶装置の速度という弱点をメモリの容量を犠牲にして緩和しているのに対し, 仮想記憶では, メモリの容量という弱点を補助記憶装置の容量を犠牲にして緩和している.

演習問題解答例　　145

▶ 索 引

◆英数字

1の補数表現　19
2進数　15
2の補数による減算　20
2の補数表現　19
3ステートバッファ　31
10進数　14
16進数　15
ALU　33, 52, 67
Bluetooth　135
CMP　104
CPI　125
D-FF　38
DisplayPort　135
DRAMセル　56
Dフリップフロップ　38
EQゲート　10
FIFO　109
HDMI　135
IEEE 1394　134
IPC　125
IPS　126
IR　58
IrDA　135
JK-FF　39
JKフリップフロップ　39
LRU　109, 114
LSB　18
LTO　130
microSD　130
MIPS　126
MMU　115
MSB　18
NANDゲート　9
NORゲート　9
PC　57
RS-232C　134
SATA　134
SCSI　134
SDカード　130
SRAMセル　56
SSD　130
TLB　116
USB　130, 134
VLIW方式　120

VLIW命令　122
way数　106
XORゲート　10

◆あ 行

アドレス　56
アドレスタグ　102
アドレスデコーダ　54
アドレス変換　115
アドレス変換表　113
インデキシング　103, 106
演算器の割り当て　120
エンディアン　111
置き換え　109
置き換えアルゴリズム　109
オーバーフロー（桁あふれ）　21
オペコード　74
オペランド　75
オペランドフェッチ　59

◆か 行

回転待ち　130
カウンタ　47
書き戻し　4, 59
加減算器　29
加算器　24
仮数部　22
カスケード接続　133
仮想アドレス　112
仮想アドレス空間　112
仮想記憶　111
仮想ページ　113
仮想ページ番号　113
記憶階層　101
機械語プログラム　126
基準電位　5
基数　14
揮発性　128
キーボード　132
基本命令パイプライン　91
基本論理ゲート　7
キャッシュサイズ　104
キャッシュヒット　103
キャッシュミス　103
キャッシュメモリ　101

キャッシュライン　102
局所性　108
空間的局所性　108
組み合わせ論理回路　37
組み込みシステム　1
クロックサイクル　37
クロックサイクル周期　37
クロック周期　37
クロック周波数　37
クロック信号　36
ゲタばき（biased）表現　19
減算器　28
構造ハザード　94, 96
固定小数点数　21
固定小数点方式　21
コメント　73
コンピュータ　1
コンピュータの性能　124

◆さ 行

サイクル　37
最上位ビット　18
最下位ビット　18
算術論理演算器　33
算術論理演算命令　69
時間的局所性　108
磁気ディスク　129
磁気テープ　130
シーク　130
シーケンサ　84
指数部　22
実行　4, 59
シフト演算　81
シフトレジスタ　42
ジャンプ　78
出力装置　132
順次アクセス　130
順序論理回路　37
条件分岐命令　77
状態機械　47
状態遷移　47
シリンダ　130
真理値表　6
スター接続　133
ステージ　90

146　索引

ステートマシン　47
スーパースカラ方式　120
スレッドレベル　118
スワップアウト　114
スワップイン　114
制御ハザード　95, 97
制御部　52, 57
積和標準形　8
セットアソシアティブ方式　106
ゼロレジスタ　80
全加算器　26
双投スイッチ　5
即値　74, 80
ソフトウェア　2

◆た　行
タイミングチャート　36
タイムチャート　36
ダイレクトマップ方式　105
立ち上がり　36
立ち下がり　36
タッチスクリーン　132
多入力論理ゲート　10
多ビット加算器　27
単投スイッチ　5
ツリー接続　133
デイジーチェーン接続　133
ディスクキャッシュ　131
ディスプレイ　132
データ依存　94, 120
データ移動命令　69
データの一貫性　131
データハザード　94, 96
データパス　67
データフォワーディング　96
データフォワーディングパス　96
データ領域　76
デバイスドライバ　133
デューティ比　37
同期回路　39, 44

◆な　行
入出力インタフェース　133
入出力装置　2, 131, 133
入力装置　132
ネットワーク制御装置　133

◆は　行
バイトオーダー　111
パイプライン化　90

パイプライン処理　90
パイプラインハザード　93
パイプラインレジスタ　92
バス信号　12
派生論理ゲート　9
バッファ　31
ハードウェア　2
バリッドビット　105
半加算器　24
半導体メモリ　130
比較器　104
光ディスク　130
ビッグエンディアン　111
ビット　18
ヒット率　103
不揮発性　128
符号拡張　85
符号−絶対値表現　19
符号付き整数　18
符号なし整数　18
符号ビット　19
物理アドレス　112
物理アドレス空間　112
物理ページ　113
物理ページ番号　113
物理メモリ　111
浮動小数点数　21, 22
浮動小数点方式　22
フラッシュメモリ　130
ブリッジ　132
フリップフロップ　38
プリデコーダ　121
プリンタ　132
フルアソシアティブ方式　104
プログラマ　66
プログラムカウンタ　4, 57, 77, 83
プログラム領域　75
プログラムレベル　118
プロセス　112
プロセッサ　2, 4, 52, 67
分岐　78
分岐命令　77, 84
分岐予測　97
並列処理　118
ページサイズ　113
ページテーブル　113
ページフォルト例外　114
ページング　113
補助記憶装置　128
ポート　68

ポーリング　135

◆ま　行
マウス　132
マルチプレクサ　30
マルチポート　102
ミス率　103
無条件分岐命令　77
命令　66
命令実行ステージ　4, 58
命令スケジューリング　96
命令セット　68
命令デコード　4, 58
命令フェッチ　4, 58, 66, 77
命令フォーマット　60, 74
命令レジスタ　58
命令レベル　118
メモリ　2, 3, 55, 128
メモリアドレス　3
メモリセル　3, 56
メモリの仮想化　116
メモリページ　113
メモリワード　56

◆ら　行
ラインサイズ　104
ライン数　104
ライン長　104
リトルエンディアン　111
レジスタ　40, 53, 128
レジスタファイル　53, 67, 102
論理演算器　32
論理回路　5
論理式　8
論理シフト　81
論理値　6

◆わ　行
ワード　72
ワード長　72, 84
割り込み処理　135
割り込みハンドラ　136

索引　147

著者略歴

鈴木健一（すずき・けんいち）

1997 年　東北大学大学院 情報科学研究科 博士課程修了
　　　　　宮城工業高等専門学校 情報デザイン学科 助手
1999 年　宮城工業高等専門学校 情報デザイン学科 講師
2003 年　東北大学大学院 情報科学研究科 講師
2008 年　東北工業大学 工学部 情報通信工学科 准教授
2019 年　東北工業大学 工学部 情報通信工学科 教授
　　　　　現在に至る
　　　　　博士（情報科学）

よくわかる コンピュータアーキテクチャ

2024 年 9 月 26 日　第 1 版第 1 刷発行

著者　　　鈴木健一

編集担当　富井　晃・岩越雄一（森北出版）
編集責任　宮地亮介（森北出版）
組版　　　コーヤマ
印刷　　　シナノ印刷
製本　　　同

発行者　　森北博巳
発行所　　森北出版株式会社
　　　　　〒102-0071　東京都千代田区富士見 1-4-11
　　　　　03-3265-8342（営業・宣伝マネジメント部）
　　　　　https://www.morikita.co.jp/

© Kenichi Suzuki, 2024
Printed in Japan
ISBN978-4-627-85781-0

MEMO

MEMO

MEMO

MEMO